CITY

POCKET

PARK

景观设计方法与案例系列
城市小公园

李宇宏 著

中国电力出版社
CHINA ELECTRIC POWER PRESS

内 容 提 要

城市小公园散落于城市各个角落，对提升城市整体环境质量举足轻重，人们日常健康的户外生活追求安全、整洁、舒适、亲切、优美的自然环境，城市小公园可作为重要载体。本书主要内容分为游人行为、公园环境和设计实践三部分。游人行为部分是基于行为理论分析，归纳了游人行为表现特征，探讨了游人行为影响及其对公园设计的启示；公园环境部分依据公园的功能、属性分析，提出小公园环境的研究内容应包括空间构成、设施配置、场地构建和交通组织等，更注重微环境舒适性设计；设计实践部分选择了 12 项优秀案例进行分析研究。案例类型包括城市中的存量空间即老旧区域小型公共开放空间的改造设计、滨水工业旧址空间改造，以及城市中新建小型公共开放空间设计和住区小型活动空间设计等。

本书图文并茂，适合园林景观及相关专业师生使用，也可供相关从业人员及公众阅读和收藏。

图书在版编目（CIP）数据

景观设计方法与案例系列．城市小公园 / 李宇宏著．— 北京 ：中国电力出版社，2019.1（2023.3重印）

ISBN 978-7-5198-2230-9

Ⅰ．①景… Ⅱ．①李… Ⅲ．①城市公园－景观设计 Ⅳ．① TU983

中国版本图书馆 CIP 数据核字（2018）第 155673 号

出版发行：中国电力出版社
地　　址：北京市东城区北京站西街 19 号（邮政编码 100005）
网　　址：http://www.cepp.sgcc.com.cn
责任编辑：乐　苑　（010-63412380）
责任校对：黄　蓓　王海南
责任印制：杨晓东

印　　刷：三河市航远印刷有限公司
版　　次：2019 年 1 月第 1 版
印　　次：2023 年 3 月北京第 3 次印刷
开　　本：710mm×1000mm　16 开本
印　　张：16.5
字　　数：343 千字
定　　价：78.00 元

前言

　　小公园，有许多不同的名称，如美国的袖珍公园、口袋公园、小游园等。第一个口袋公园（Vest-pocket Park）是位于纽约的佩雷公园（Paley Park）。基于一个小型户外空间的概念，为了解决高密度的城市中心区休憩环境紧张的问题，而设计的便捷和触手可及的小公园。在日本，街区公园和近邻公园遍布城市各个角落，这些小公园能够嵌入城市生活环境，空间布局符合城市规划肌理的要求。1964年东京奥运会后，"运动空间"被引入公园绿地系统中，随后的小公园设计中开始设置运动设施。20世纪90年代美国学者提出雨水管理思想与技术体系，强调用生态化措施系统处理雨水，小公园是理想的截留雨水的载体之一，可以分担雨水调蓄。因此，小公园设计的目标从改善环境兼休闲提升到人居环境良好可持续发展。

　　小公园是城市公园的类型之一，更贴近人们的日常生活，如一些小游园、小广场等。小公园一般面积小、数量多、分布广，可达性和开放性强，与人们日常生活关系密切。它如同城市有机体的活细胞，是城市生态系统的第一生产者，不仅改善城市自然环境，还能为人们就近游憩提供舒适的物理环境、生活交流的良好媒介和载体，同时也为人们认识和理解城市提供了有效途径。

1. 本书的意义

　　小公园设计实施是反映城市整体环境水平和市民生活质量的一项重要指标，是反映城市的自然特色风貌和社会文明风尚的窗口。在如今寸土寸金的城市用地中，小公园犹如沙漠中的绿洲一样可贵。小公园设计研究立足于尊重自然、和谐为本，不仅深入剖析人体工学的要求，还努力探究环境主体的心理感知规律，并引导积极的环境行为，这样，才有助于创造出真正人性化的环境场所，有助于促进我国城市人居环境健康地可持续发展。

2. 主要内容

（1）游人行为研究，包括游人行为研究的理论基础，游人行为类型与特征，游人行为的负面影响及设计启示。

（2）公园环境研究，包括小公园的环境功能属性、空间模式、场地构建、设施配置以及道路交通系统分析。

（3）设计实践，包括国外和国内部分优秀案例的分析以及小公园设计方案探索。

3. 主要观点

（1）小公园设计的核心思想是"和谐为本"，尊重自然，协调人与城市、自然和谐共处。

（2）鼓励深入挖掘优秀的地域历史文化，并将其有机地融入设计。

（3）倡导新技术应用，体现在空间处理、材料选择、功能配置和后期管理计划等方面。

4. 研究方法

研究采用文献资料分析、理论分析与实地调研相结合、规范分析与实证分析相结合、普遍性到特殊性的逻辑分析方法。

5. 本书受众

（1）风景园林、景观建筑、环境设计专业及相关专业人员，城市规划建设管理者、房地产开发经理及物业管理员等。

（2）园林景观管理者，利于其对景观设计的实施过程的监督与管理。

6. 基金支持

本书为：

（1）2015 年度国家社会科学基金艺术学项目研究结项成果，项目批准号 15BG087。

（2）2017 年度中国人民大学科学研究基金（中央高校基本科研业务费专项资金资助）项目成果（Supported by the Fundamental Research for the Central Univeristies，and the Research Funds of Renmin University of China），项目批准号为 14XNJ027。

本书力求理论联系实际，图文并茂，体现知识体系的科学性、先进性和适应性。本书中部分图片来源于互联网，部分资料收集和绘图由我的研究生参与完成，他们是邓璐、李亚峰、李彦男、刘姝、赵涵、阳洁、梁馨予、孟伟明、刘诗瑶等，在此感谢。特别感谢金广君教授的悉心指导和宝贵意见。

2018 年 10 月

作者

目录

第一部分　游人行为

"行为是人类在生活中表现出来的生活态度和具体的生活方式，在一定的物质条件下，不同的个人或群体，在社会文化制度、个人价值观念的影响下，在生活中表现出来的基本特征或对内外环境因素刺激所做出的能动反应。"（韩福庆，2010）也就是说，环境中的事件随时都可能影响人的行为。人在接收外界信息时产生的行为反应，有时是有意识的，有时是无意识的。在社会生活中，人类行为多表现为有意识的行为，即是受人自主控制的、有目标的行为。

美国社会心理学家马斯洛（Abraham Maslow）1943年发表的《人类动机的理论》认为：人类的行为是动机引起的，而动机源于需要。

德裔美国心理学家勒温（Kurt Lewin，1890—1947）认为：人类的行为是个人与环境相互作用的结果，人类的行为方式、指向和强度主要受个人内在因素与环境因素的影响和制约。这对了解公园中游人行为模式的变量因素有重要的指导意义。

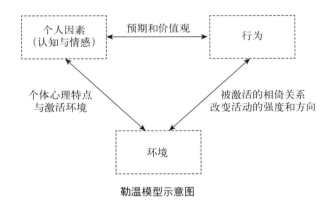

勒温模型示意图

小公园设计不仅应适用、美观、生态和经济，提倡人性化设计、城市友好型设计等，积极有效地满足人们的健康的、必要的需求，还应该以设计师自觉的、全面的、系统的设计思考来引导和规范游人行为。因此，对公园游人行为进行研究，了解游人如何使用公园空间、游憩中期待何种体验，以及公园环境对游人的潜移默化的积极影响等，从而恰当地进行小公园设计，并为同类研究积累有效信息，为小公园设计的理论发展提供有益参考。

1 行为理论

人在公共空间中的行为按照发生动机与重要性可分为元行为与衍生行为。由于人的行为具有自主性、目的性、复杂性和可塑性的特征,因此,个体行为存在诸多的不确定因素。需要——行为动机——行为,游人在公园游憩时的行为动机源于人的生理需求和心理需求,行为也与环境刺激相关。

1.1 环境心理

1. 环境心理学

主要研究环境与人的行为心理之间的相互关系和作用[1]。该理论于20世纪60年代末首先在北美兴起,继而在欧洲及其他国家迅速传播和发展起来。环境心理学比较流行的三种理论分别是:格式塔心理学、生态知觉理论和概率知觉理论。

(1)格式塔理论(Gestalt psychology)。认为生物的行为环境、自我、地理环境三者之间相互作用,行为环境受到自我和地理环境的共同调节。这在公园游人行为中也有体现,例如,北京玉渊潭公园中,因为一池湖水(地理环境)相隔,使游人无法近距离欣赏樱花(行为环境)。这时"自我"就起到明显的作用,游人想到达对岸赏花的心理,促使其"寻找通达路径"。如果游人对赏花不感兴趣或者看不到花景,"自我"就没法起作用。以此类推,地理环境也是如此。"自我"所起到的作用,就是引发元行为的心理动机(见图1-1)。

图 1-1 玉渊潭樱花园游人赏樱

另外,小公园设计中,强调的比例、序列、节奏、对比和均衡等组合方式,正是以格式塔心理学为理论基础。完形是一个通体相关的有组织的结构,并且含有意义。图1-2

显示人对事物的物体化认知，图 A 中，尽管没有三角形，但该数据结构会被人认为是一个三角形，图 B 和图 D 被认为接近矩形，图 C 被认为接近圆形。图 1-3 显示人对同一几何体的不变性的认知属性，图 A、图 B、图 C、图 D 中，无论将某物体旋转、变形、缩放或虚化，都会被认为是同种物体。

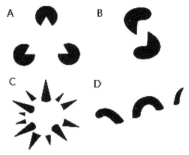

图 1-2　物体化（en.wikipedia.org）

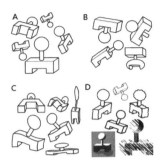

图 1-3　不变性（en.wikipedia.org）

格式塔心理学还解释了人对事物的稳定性、相似性和封闭性的认知。

- 稳定性定律　通常包括单稳定性（Monostability）和多稳定性（Multistability）。多稳定性是一种模糊的知觉经验，在两种或多种可替代的判读之间存在不确定性或理解为易变形，如图 1-4 所示的内克尔立方体（Necker cube）给人的前后理解可变，是因为人缺乏对几何体深度的视觉线索而导致认知的模棱两可；鲁宾花瓶（Rubin vase）应用共生线，将图形和背景有机融合，证明图形与背景之间的关系并非恒定，而是可以相互转换的，这在建筑美学中被理解为图底关系、正负图形关系，图是积极、突出的，底则相对模糊，对图起到衬托作用，引用到公园中的节点设计，有助于处理空间布局及设计的主次关系。
- 相似性定律　如果一类对象中的元素彼此相似，则感知上易将它们划分在一起。这种相似性可以形状、颜色、阴影或其他质量的形式存在。如图 1-5 所示，36 个圆彼此距离相等，形成一个正方形，我们感觉到可将黑圆划分在一起，灰圆划分在一起，提炼出六条水平线。
- 封闭性定律　感知不完整的物体时，如图 1-6 所示，圆形和矩形，形状中存在空缺，仍使我们能从感知上将线条组合成整体。这对小公园中的空间边界和领域的设计有指导意义（图 1-4 ～图 1-6，wikipedia.org）。

图 1-4　多稳定性

图 1-5　相似性

图 1-6　封闭性

（2）生态知觉理论（the Eco-perception theory）。吉布森（James Gibson）强调机体先天的本能与环境所提供的信息有相互关系。设计师可基于此点，营造功能外显的景观。人的许多行为都是在潜意识的状态中进行的，当环境信息对人构成有效刺激时，必然会引起人的注意。例如公园中的台阶，既可以用来"上下楼"又可以暗示"坐"（见图1-7）。环境提供的物质特征可以向人暗示其功能意义，人们可能发现和利用它，这种环境和行为之间的关系可能是积极的和相互促进的，也可能是消极的和恶性循环的。正如"红地毯效应"和"垃圾筒效应"，一处整洁优美的景观，通常会赢得人们的爱护，而一处传达着凌乱信息的景观，通常会引发人们随意践踏等不良行为。生态知觉研究显示：人的一些想法、观念等贮藏在内心深处，并不被别人意识到，但可以通过相应的行为表现出来，可认为人的潜意识受到环境刺激后产生了衍生行为。

图1-7　意大利罗马的西班牙台阶（img1n.soufun.com）

（3）概率知觉理论（Probability of consciousness theory）。由于个人生活空间的局限性，人们不可能对所有的环境都有认知，对任何给定环境的判断也不可能是绝对肯定的，仅仅是一种概率估计。人与人之间在对事物的认识水平上有一定的差距，有的人不仅可以观察到环境客体的外显功能，也可能意识到该客体的其他潜在功能。例如图1-8，公园的桥设计，原本为了安全，设计了栏杆进行遮挡，但栏杆做成了方墩形，结果承担了"临时座椅"功能,反而增加了危险性。这些行为从本质上说是人们对环境的认知差距造成的负面衍生行为,扭曲了设计的原本目的。由此可见,设计师要认识到自己和游人的认知差异,不能以主观判断作为设计的前提,要充分了解游人的心理和行为需求,以免引起游人的负面衍生行为。

图 1-8　玉渊潭小桥栏杆

2. 归因理论

美国心理学家海德(Fritz Heider)在《人际关系心理》中提出"归因理论"认为人的行为受一定的动机支配,动机生发行动目标,目标与行为特征关系见表 1-1。

表 1-1 目标与行为特征关系

特　　征	内　　涵
自发性	人的行为是主动自发的,外力可以影响甚至改变人的行为,但却无法引发其行为
起因性	人的任何行为的产生都是有原因的,引起人的行为的直接原因就是动机
目的性	人的行为是有方向有目标的,有时别人看来毫不合理或难以理解的行为,对行为者本人来说却是合乎目标的
持久性	行为指向目标,未达成目标以前行为不会轻易终止。人们也许会改变行为方式,或由外显行为转为潜在行为,但还是继续不断地向目标前进
可变性	人类为了谋求目标之达成,经常改变其手段,而且人类行为也常经过学习或训练而改变。人类行为是具有可塑性和可引导性的

美国心理学家伯纳德·韦纳（B.Weiner，1974）认为，对行为后果所作的归因会影响到对下次结果的预期及情感反应，而预期及情感反应又成为后继行为的动因（见图1-9）。

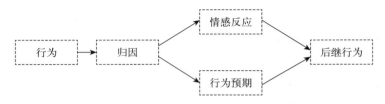

图 1-9　韦纳的简明动机归因模式图（Weiner，1980）

根据归因理论，我们也可以把公园中游人的行为分为元行为和衍生行为。元行为可以理解为蓄意行为，是行为人最初想进行的行为，在达成目的之前不容易变化，具有自发性、起因性、目的性、持久性等特点；而衍生行为是受环境刺激而进行的随机行为，通常是人在进行元行为时因为条件的变化而引发的附带行为。相对于元行为而言，衍生行为可有可无，即使中断也较少影响元行为的进行。例如，公园中某人在疲累的情况下寻获一座椅坐下休息，之后发现周围有人表演，就顺便观看。如此，"坐"是此人的元行为，"看"则是衍生行为。即便表演结束，如果此人体力尚未恢复，也不会立刻起身离开。一般情况下，人在刚刚进入某个新环境时，可能会按照自身的动机而产生相应的行为，此时元行为占主导。随着对环境信息了解深入，可能萌发新动机，并产生新行为，即构成衍生行为。在时间并不紧迫、规范限制并不严格的环境中，衍生行为发生的频率较高。通常，当新环境逐渐变成了熟悉的环境时，衍生行为也可能转化成元行为。设计师对于公园游人元行为与衍生行为的科学认知，将有助于其在设计过程中提出更有目的性的有效的环境优化策略。

1.2　环境行为

1. 环境行为学

环境行为学始于20世纪60年代，80年代才开始传入中国。其力图运用心理学的一些基本理论、方法与概念来研究人在城市与建筑中的活动及对这些环境的反应，由此反馈到设计中去，以改善相应的环境设计。

勒温（KurtLewin，1938）提出可以把人的行为用公式表示为：

$$B = f(P \cdot E) = f(\text{LS})$$

式中，B 为行为表现；f 表示某种函数关系；P 为行为主体需求（包括个体需求和群体需求）；E 为环境，包括影响人们行为的各种环境；LS 表示生活空间，把人及环境看成整体。

公式表明：行为取决于行为主体的生活空间影响，也可以理解为是人的需求和环境影响的共同作用决定了人们当时当地的行为（见图1-10）。

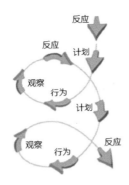

图 1-10 环境行为关系（aair.org.au）

由美国心理学家爱德华·查斯·托尔曼（Edward Chace Tolman）、克拉克·莱纳德·赫尔（Clark Leonard Hull）和伯尔赫斯·弗雷德里克·斯金纳（B. F. Skinner）等人建立的新行为主义学派认为，在刺激和反应之间，应当考虑有机体内的问题。托尔曼首先提出了"中介变量"的概念，赫尔也倡导假设 - 演绎系统，斯金纳则建立了特有的实验研究体系，提出人类行为既受外界刺激的影响，又受个体内部需要、欲望、紧张、舒服和回忆等因素的影响，从而将行为的基本模式表示为 S-O-R 公式（S：stimulus，O：Organism，R：Reaction）。这种受外界刺激和人自身因素综合影响下产生的行为也是一种衍生行为。新行为主义的理论结构和实验方法的局限性表现为实效相对较小。从 20 世纪 50 年代起，行为主义心理学遇到了人本主义心理学和认知心理学两方面的挑战（见表 1-2）。

表 1-2　　　　　　　　　　　　环境行为学基础理论的三种观点

三种观点	主　张
环境决定论	环境决定人的行为，忽视人的意愿和能力
相互作用论	行为由环境和人的相互作用导致，人不仅能适应环境，也能利用和改变环境
相互渗透论	人对环境不仅有物质性的能动作用，还有赋予价值、进行意义再解释的作用

环境决定论表现出一元论特征；相互作用论和相互渗透论强调人的主观能动性可以达成某种物质性或精神性结果，发展了二元论的观点，却忽略了能动作用随时间而变化的过程性。

Gary T. Moore（澳大利亚）在环境行为学理论中导入时间维度、人类生活和文化因素，建立了环境行为学的研究框架，在此基础上，李斌（2008）拓展了环境行为学基础理论，提出人、环境和文化三者相互关系的理论模型：人与环境的相互渗透产生形式、关系和意义，在时间的流逝过程中不断被修正和补充，其共同属性继承下来并形成了文化；文化传达到人与环境的整体系统并形成某个时期和时代间的循环；在横向上形成文化多样性和地区差异性。这种理论拓展超越了二元论的界限，引入时间维度，强调环境行为关系的过程性和可变性（见图 1-11）。

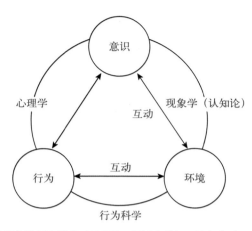

图 1-11　环境行为学概念模式（吴明修，探讨人类与环境之关系 2009，参考绘制）

2. 空间三元论

人类文明史上的空间概念可概括为客观论的空间观、主观论的空间观、辩证唯物论的空间观、现代自然科学的空间观、主客观融合的空间观[2]。主观论空间观与客观论空间观将社会空间看作单纯的精神现象或物质存在。法国哲学家列斐伏尔（Henri Lefebvre）认为根本不存在纯主观或纯客观的空间，社会空间是主观与客观、抽象与具体的融合，是一种社会历史性的产品；他对主客观融合空间理论的创造性贡献是空间三元辩证：空间实践、空间的再现、再现的空间，在封闭的二元对立空间观中引入了第三种视野，消弭了非此即彼的对立。

美国学者爱德华·W·索亚（Edward W. Soja）进一步发展了列斐伏尔"第三化"的思想，提出第三空间："第三项不是先前的二元项的简单叠加，而是对它们所假定的完整性的拆解和临时重构，从而产生一种开放的选择项，它既相似又迥然有别"[3]。Moore 指出环境行为学研究框架中的空间、使用者、社会行为随时间而相互作用和持续发展，拓展理论进一步推演了随着时间发展，人与环境相互作用过程中文化的产生、传达和循环过程。

以"空间三元"辩证理论为启发，重观环境行为学理论，可见环境生成、行为组织、空间意义和价值乃至空间文化的产生均循时间线索而动；在城市公园等城市公共空间建设中，凸显时间维度的环境行为组织方式具有现实性和前瞻性的意义。

3. 行为场所论

建筑师舒尔茨（Norberg-Schulz）提出"生存空间"和"诗意地栖居"的场所精神理念；社会学家高博斯特（Paul H. Gobster）研究了公园中设置种族交流场所的可能性；佩恩（Laura L. Payne）从年龄和种族的角度分析了公园中游人的行为及偏好。

美国心理学家巴克（Roger Garlock Barker，1947）等人将心理学研究领域拓展，包括在自然状态下，对人们日常行为的研究，以便了解日常环境对人们行为的影响。通过对形体环境与重复行为模式的密切关系分析，建立了行为场所（Behaviour restting）理论，是行为科学在城市空间设计中取得的重要进展。巴克采用"行为场所调查"的方法研究人的外显行为，并且将人的行为模式与物质场所联系起来做整体研究。

一般地，相同的物质场所，一方面，在同时间或不同时间可能有不同的行为发生，另一方面，场所环境所具备的物质特征支持着某些固定的行为模式，尽管其中的行为人不断更换，固定的行为模式在一段时间内却不断重复，例如游戏场中同一个滑梯承载着不同儿童的滑滑梯行为。这类研究可归入"行为生态科学"（ecobehavioral science）范畴。

美国城市规划专家林奇（Kevin Lynch）认为在行为场所中，物质环境与重复的行为模式始终保持密切的关系。"行为场所"是分析人工环境中"环境行为关系"的基本单元，其特点如下：

- 特定的环境一定会产生比较固定的、重复的行为模式；反之，比较固定的、重复发生的行为模式一定伴随有不可分割的特定环境。
- 这些行为模式的发生在时间上具有规律性。
- 行为场所具有从小到大一系列不同的尺度。

行为场所有助于研究者通过观察与分析，找出人的行为与空间的对应关系，发现行为在空间、时间上的倾向和规律性。场所中的行为大多数属于元行为，人们都带着某种特定的目的去场所活动，如去公园中的草地上放风筝，去公园的游戏场玩耍等。

4. 行为与空间

国外有很多专家对于"游人在空间中的行为活动"这一课题进行了深入的研究。

美国阿尔伯特（Albert J.Rutledge）在 *A Visual Approach to Park Design*（1985）中指出：在公园设计中要充分考虑大众的行为，并做出游人行为心理分析；公园中的景点、道路、植物及坐憩设施等设计都应该根据人的行为心理来设计，合理安排每个设施的位置及朝向。

丹麦扬·盖尔（Jan Gehl）在 *Public Spaces and Public Life*（2004）中，将人群的日常活动分为必要性活动、自发性活动和社会性活动。

- 必要性活动常指日常工作和生活事务，包括上学、上班、购物、等候、游览、聊天等。
- 自发性活动包括散步、呼吸新鲜空气、驻足观赏、就座等。
- 社会性活动应是在公园中有他人共同参与的各种活动，如多人踢毽子、跳舞等。

"必要性活动"可理解为元行为，具有强烈的目的性，不会被外界环境轻易改变，而"自发性活动"，可能是元行为，也可能是衍生行为。例如，游人到公园中散步，是基于锻炼身体的需求而产生的元行为，如果在散步过程中受周边美景的感染，驻足观赏的行为则属于衍生行为。"社会性活动"也如此，通常，单独前往公园的游人，只有在碰到熟人或者志趣相投的人才会产生社会性活动，这种情况下的社会性活动可归于衍生行为。而结伴前往公园游玩、锻炼的游人所产生的社会性活动则属于元行为。因此，小公园规划设计时，要权衡三类活动，即考虑游人的不同目的、不同活动类型、不同心理等，对公园功能、空间及设施等进行合理的艺术布局。

我国在这一领域的研究较晚，而且多是从理论角度进行分析，或对国外研究成果的翻译、引用。例如，20世纪80年代初，一些学者陆续从欧美、日本等发达国家引入有关的理论和方法，开始在建筑学等学科进行相关研究。目前，相关研究较广泛，主要侧重于三个角度。

（1）游人。研究人在特定环境中的行为心理感受和规律；对场所使用行为进行定性或定量研究，例如，崔木扬认为人在环境中的生存形成了一些类似动物性的各种各样的行为习性：快捷方式性、识途性、左侧通行与左转弯，以及从众习性。还有，从心理学出发，研究空间或设施设计，例如，郑彦从心理学角度对古典园林的曲廊进行分析，认为曲线性行走会大大降低行程中人的视觉上的枯燥感，利用曲线可以增加行进中的趣味性，进一步实现步移景异。

（2）公园要素。研究环境各因素对人的行为的影响，探索公园人性化设计导则。

（3）公园评价。侧重研究游人对公园使用的满意度评价，从而探讨游人与公园环境的互动影响。

但从理论到实践，对国内小公园行为空间的研究却不多，这对城市小公园建设无法起到较好的指导作用。小公园设计和人的行为心理都是复杂的研究课题，涉及多学科的理论基础，研究内容广泛。国外学者关于环境行为方面的研究为小公园设计提供了积极参考，国内学者的相关研究为小公园设计提供了大量的数据信息，为小公园设计的系统研究奠定了基础。

2 行为表现

小公园设计中所涉及的行为可界定为：同一空间内，持续 5 分钟以上的活动。游人来公园的目的多样，相应地表现为多样的行为类型，如游赏、散步、亲子活动和聊天等。同时，行为类型还表现出不同特征。

2.1 行为类型

1. 动静区分

小公园中的游人行为依据动与静可进行分类，动态行为又有定型和非定型之分（见图 2-1、图 2-2 及表 2-1）。

- 定型动态行为　需要规范的场地支持，对场地尺寸、设施和安全都有所要求，如球类活动。
- 非定型动态行为　对场地设施要求较低，行为发生的场地选择相对随机，如散步。

图 2-1　北京南长河公园游人静态行为　　　图 2-2　北京畅春新园游人动态行为

表 2-1　　　　　　　　　　　　　　游人行为分类

行为类型	行为内容
动态行为	打球、抖空竹、器械锻炼、练太极、拍照、步行、跑步、儿童娱乐嬉戏、轮滑
静态行为	驻足停留、躺卧草坪、席坐草坪、坐座椅、坐在体育器械上、看书

2. 年龄区分

通常，行为类型因游人年龄不同而表现出差异性。公园中的老年人多见散步、健身、休息、聊天、下棋、看护儿童等行为，关注健康安全的环境条件，需要休息及健身器械，喜欢冬季采光良好或夏季有阴凉的地方进行休息或活动。儿童好动，喜欢游戏、追逐，常三五成群玩耍，需要一定的活动空间，喜欢颜色鲜艳的和可参与性的游具，对空间和活动场所的安全性要求很高。一些看护婴幼儿的青年男女，一般喜欢在采光良好、有座椅、安全的地方停留。也有部分青少年，在小公园中进行学习、聚会、恋爱等活动（见图 2-3、图 2-4）。

图 2-3　北京安贞社区公园老年人活动区　　　　　图 2-4　北京马甸玫瑰园儿童活动区

3. 人数区分

按照人数观察游人及活动特征时会发现，常见个体活动、三五成群活动和群体活动。个体活动在公园中成游离状态，休息或散步，一般无固定的地点和时间的限制；成群活动常见交谈、游戏等活动，对小公园的环境要求较高，同时，对环境会产生一定的负面影响；群体活动是众多的人有组织地活动，对公园的设施要求高，对环境造成的负面影响大（见图 2-5）。

图 2-5　元大都遗址公园个体活动、成群活动和群体活动

4. 本质区分

游人的行为本质上大体可以分为两种：元行为与衍生行为。

- 元行为　锻炼、郊游、等人、拍婚纱照、写生、调查、带小孩、跳舞、野炊、聚会等。
- 衍生行为　围观、观赏表演、交谈、嬉戏、乱扔废弃物、乱涂乱画、采摘花卉等。

衍生行为可归纳为正面的与负面的，一般来说，正面的衍生行为对环境或他人无害，如观赏表演、交谈、嬉戏等，而负面行为则会对环境或他人造成一定的负面影响，如践踏被维护的草坪、攀爬围栏等。该类行为产生的主要原因如下。

（1）匿名性和本我性。匿名性是不文明行为发生的契机，某些游人发现周围都是些陌生面孔时，会不在乎周围人的看法，突破道德约束底线，时机一旦合适，被压抑的"本我"

就会暴露出来，而"本我"需求的无止境决定了游人在游览过程中除了看、听、嗅之外，还有忍不住用手摸的倾向 [4]，譬如采摘、攀爬植物，甚至在树干、公共设施上刻字等。

（2）异地性和短暂性。"游人身份"是在游玩情境下所特有的，具有暂时性。例如，颐和园中，特别在旅游旺季时，外地游客居多，旅游经历的异地性和短暂性会让人们表现出异于日常生活中的随性行为，对环境造成影响。

（3）群体效应。法国博学家古斯塔夫·勒庞（Gustave Le Bon）认为，当人们汇成群体时，个体所具有的品行和理智将消失，所具备的只是群体特征。例如，北京玉渊潭公园樱花节期间，为求花瓣雨的拍照情景，竟然有人摇晃树枝，随即就有多人效仿。群体情境下人的情绪强度显著高于个体情境下的情绪强度，且随着群体规模的扩大，个体的情绪水平呈逐步上升的趋势 [5]。设计师应预想到这一群体特征，在设计中科学合理地进行空间布局、功能配置和设施安排，有目的地规避群体情境中的个体的非理性行为，防止破坏行为引发的连锁反应（见图 2-6）。

图 2-6　玉渊潭樱花节中游客赏花行为

（4）环境诱发。布鲁斯威克（Egon Brunswik，1956）的知觉理论认为，建构环境对知觉起作用，人们对环境的感觉信息在很大程度上依赖于过去的经验，环境刺激结合经验反馈，促使人们对环境的实际状况做出估计（见图 2-7）。公园中的人群密集区、密林区、安静休息区、水边和花境旁等地的环境刺激易于诱发游人的衍生行为。密林区较为隐蔽、神秘，进入的游人相对少，人的本我性易显，可能产生某些不良行为；安静休息区里，游人可能滞留时间较长，产生的衍生行为可能性较大；亲水性使游人会借助植物柔韧的茎靠近水体，从而对水边植物造成破坏；一些游人喜欢站在花丛中拍照，导致花境植物受到不同程度践踏。

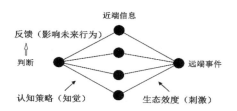

图 2-7　参考布鲁斯威克（Egon Brunswik，1956）透镜模型分析（engineeringandmusic.de）

可见环境会对游人的行为有影响，环境也会因为游人的行为而改变。游人的同一行为在不同的环境中也有两面性，可能表现为积极的也可能表现为消极的行为（见表 2-2）。

表 2-2　　　　　　　　　　　公园中常见行为与公园环境之间的关系

元行为				衍生行为			
行为方式	私密空间	半私密空间	开放空间	行为方式	私密空间	半私密空间	开放空间
锻炼	−	+	+	围观	−	+	+
郊游	−	+	+	观赏表演	−	−	+
等人	+	+	+	交谈	+	+	+
拍婚纱照	+	+	+	嬉戏	−	−	+
写生	+	+	+	践踏草坪	−	−	−
调查	−	+	+	随地乱扔废弃物	−	−	−
带小孩	−	−	+	乱涂乱画	−	−	−
跳舞	−	+	+	采摘花卉	−	−	−
野炊	−	+	+	攀爬围栏	−	−	−
聚会	−	+	+				

注：+ 表示积极行为，− 表示消极行为。

2.2　行为特征

1. 时间性

据调查，游人活动时间多集中在 6：00 ～ 8：00、10：00 ～ 12：00、13：00 ～ 15：00，夏季有时会延长至 21：00 多（见图 2-8）。

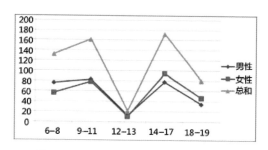

图 2-8　某公园一天中的游人量的时间分布

2. 多样性

首先，表现在年龄多样，小公园中的行为个体包括儿童、青少年、中老年等各年龄段人，以老年人和儿童居多；其次，活动内容多样，主要因为游人的年龄、性别、职业和文化层次等个人背景差异，即使背景相似的人也会有个性化的活动偏好。其中年龄差异对活动多样性的影响最为明显；还有季节和天气；另外，人对游乐性的追求也能促进活动多样性，游乐的动机一般是寻求新奇和身体的刺激，这会激励人在活动中表现自我，实现自我价值，成人的游乐活动更丰富，目的性更强，选择面更广（见图 2-9 和表 2-3、表 2-4）。

图 2-9　游人活动的多样性（commons.wikimedia.org）

表 2-3 常用代谢当量 单位：kcal/kg·h

活动	足球	其他球	慢跑	快走	跳舞	爬山	跳绳	散步	太极拳	健身器械	比赛
代谢当量	8.0	4.8	6.0	3.8	5.8	7.0	8.0	2.8	5.0	5.8	5.0

注：1.Ainsworth BE，Haskell WL，Whitt MC，et al.Compendium of physical：an update of activity codes and Met intensities[J].Med Sei Sports Exere，2000，32（9Suppl）：S498-S504.
2. 活动强度是指单位时间内进行或参加某项身体活动时，单位体重消耗的能量，常用代谢当量 METs 表示，参考 2000 年美国发表的《身体活动概要》身体活动强度代谢当量赋值。

表2-4　　　　　美国第十版 RDA（1987）中体力活动分级标准

劳动强度分级	职业工作描述
休息状态	睡觉、斜靠着休息
极轻	坐着或站着，绘画，驾驶，实验室工作，打字，缝纫，熨衣，烹调，玩牌，弹奏乐器
轻度	以 4.0～4.8km/h 速度平路行走，汽车修理工，电器业，木工，餐饮业，清洁室内卫生，幼儿护理，打高尔夫球，划船，打乒乓球等
中度	以 5.6～6.4km/h 的速度行走，除草及锄地，扛重物，骑车，滑雪，打网球，跳舞
重度	载物上坡行走，伐树，手工采锯，打篮球，攀岩，踢足球，玩橄榄球

3. 类聚性

首先，活动时间、空间的临近性，有利于游人在活动过程中相互认识、磨合，逐渐形成一定的公共关系；其次，人际交往中的"相似性或类似性因素"促使人类聚；另外，有研究认为："人是唯一能接受暗示的动物。"积极的暗示，会对人的情绪和生理状态产生良好的影响，激发人的内在潜能，发挥人的超常水平，使人进取。趣味相投的游人聚在一起开展游憩活动，会增强共识性，积极的暗示会促进相互的认同感，加强彼此的吸引力。公园设计应努力创造条件增进并协调好人际吸引的积极因素，以便形成良好的公共关系（见图2-10）。

图 2-10　游人活动的类聚性（bbs.zol.com.cn）

4. 防御性

环境心理学认为人偏爱具有庇护性又视野开阔的地方。有依靠物支持并且能够提供观察条件的空间环境，既可满足人们的交流愿望，又可根据外界变化进行防御。在公园环境中，人们进行席坐或躺卧草坪、座椅休憩、驻足停留等行为时，一般选择有所依靠的地方。在对依靠性的定向观察中，发现人们常常选择在乔木下、灯柱旁、健身器械、空间边界附近等位置停留，而回避毫无依托的大面积开敞空间的中心区域（见图2-11）。

图 2-11　游人活动的防御性（htorontoist.com/2012/05/torontos-park-people）

5. 领域性

主要指各类活动之间的距离和活动占地面积。对公园的观察中发现，草坪上不同的使用群体间彼此相隔一定的距离，群体与空间边界之间也有一定的距离[6]，这是源于游人对安全感和领域感的需求。此外，不同规模的群体需要占用的活动空间的面积也不同，公园面积最大的绿地会被大规模的持续性静态行为反复占用。符合游人认知和行为模式的公园空间，能够促进游人积极的心理体验和活动引导（见图 2-12，表 2-5 和表 2-6）。

图 2-12　喷水公园中的持续性动态行为（mordenmb.com）

表2-5 静态行为特征和空间分布（以北京奥林匹克公园的实地调研为例）

行为类型	行为特征	空间分布	空间类型	空间特征
席坐/躺卧	尺度性、依靠性、防御性	草坪中的树下和边界区域	开敞/半开敞	草坪为背景，面向开敞景观或活动空间，有遮阴物或依靠物
座椅休息	尺度性、依靠性、防御性	公园内休憩设施	开敞/半开敞	有适宜的坐憩设施，视觉方向有优美景色或他人活动
驻足停留	依靠性、防御性	主次园路、草坪、体育场地旁	开敞/半开敞	面向优美景色或人群活动空间，活动场地的边界区域

表2-6 动态行为特征和空间分布（以北京奥林匹克公园的实地调研为例）

行为类型	球类运动	器械健身	太极、空竹	嬉戏、玩闹	散步	跑步
行为方式	聚集	聚集或分散	聚集或分散	聚集	聚集或分散	聚集或分散
行为主体	少年、中青年	中青年、老年	中老年	少儿、中青年	中青年、老年	中青年、少年
活动强度	中或重	中或重	轻	轻	轻或中	中
行为特征	领域性、类聚性、游乐性	领域性、多样性、游乐性	类聚性、游乐性	多样性、类聚性、游乐性	边界性、类聚性	边界性、类聚性
空间分布	专属场地	专属场地	空旷场地	草坪、场地	园路、场地	园路、健身跑道
空间类型	开敞	开敞、半开敞	半开敞	开敞、半开敞	开敞、半开敞	开敞、半开敞
空间要求	标准场地、休息设施	器械质量高、休息设施、环境安全优美	环境安全优美	地势平缓、草坪、易达、边界有缓冲区域、环境安全	地势平缓、园路畅通、有休憩设施、环境安全优美	地势平缓、园路及跑道畅通，环境安全优美

公园中不同活动之间都有相关性，包括相容、连锁和冲突关系，相关性强弱程度不同直接影响到场地的功能布局。相容性强的活动，其场地可共享；连锁性的活动，其场地应相邻；冲突性强的活动，其场地应远离（见表2-7，图2-13）。

表2-7 场地上各行为活动相关性分析

行为类型	坐	站	玩耍	骑儿童车	轮滑、滑板	羽毛球	集体舞	下棋、打牌	休息、聊天
坐		○	☆	○	○	☆	☆	☆	☆
站	○		☆	☆	☆	☆	☆	☆	☆
玩耍	☆	☆		○	○	○	●	●	●
骑儿童车	○	☆	○		●	●	●	●	●
轮滑、滑板	○	☆	●	●		●	●	●	●
羽毛球	☆	☆	☆	●	●		●	●	●
集体舞	☆	☆	●	●	●	●		●	●
下棋、打牌	☆	☆	●	●	●	●	●		○
休息、聊天	☆	☆	●	●	●	●	●	○	

注：○相容关系，●冲突关系，☆连锁关系。

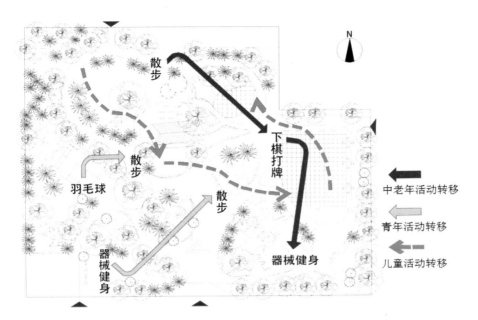

图 2-13　场地间的相关性

公园中，人群分布与行为特征有一定的关系。依据生态学理论，人群中个体的空间分布格局表现为个体在水平空间中的分布方式，常见如下（见表 2-8）。

- 随机分布　个体分布是偶然的，分布机会相等，彼此独立。
- 均匀分布　个体分布是等距离的，或个体间保持一定的均匀间距。
- 聚群分布　个体分布极不均匀，常成群、成组状密集分布。公园中游人大多呈随机分布，有时各群间亦均匀分布。

表 2-8　　　　　　　　　特定环境中人群分布与行为特征的关系

分布特点	典型图例	行为特征
随机分布	∴ ·`· · · ·· ··	散步、郊游、休闲
均匀分布	⋮⋮⋮⋮ ⊞ ⋰⋰	开会、上课、欢迎仪式
聚群分布	⁖⁖ ⁙ ◌	小型聚会、儿童游玩、集体舞

19

3 行为影响

由于城市用地紧张，人口密集，而一些小公园距居住建筑较近，从早到晚，公园中都有游人活动，会给周边环境带来很多负面影响。

3.1 负面影响

1. 噪声扰民

公园设计时应重点考虑噪声影响。来自小公园内的噪声强度与园内的活动空间大小、游人活动类型、活动人数都有关系，设计上可以从空间布局与游人活动关系上进行减噪思考，场地边界设置减噪设施。另外，在条件可能的情况下，合理控制活动场地与受影响区域的距离也可以有效减噪。根据国家《城市区域环境噪声标准》规定，在社区内，对距声源最近的社区建筑墙体离地面高 1m 处进行测试，户外允许的噪声级昼间为 50dB，夜间为 40dB；一类生活区域夜间检测达 50dB 以上，二类生活区域夜间检测达 65dB 以上，只要超过晚上 9:00 时的就是扰民了，属于噪声污染。噪声达到 65dB 时，对居民的睡眠已有轻微影响（黄飞，2003）。可见噪声对附近居民的影响非常大，并且危害人们的身心健康。

人群活动噪声具有较大的随机性和流动性，噪声源的时间和空间分布、噪声的等效声压级大小都无规律，因此噪声污染控制较困难，对人们生活的干扰较为普遍。

2. 环卫较差

大量的不同年龄的游人在小公园中进行健身、等待或聚会等活动，会不可避免地带来大量的垃圾，像食品包装、废弃物品，还有一些小广告等，这些垃圾不仅被弃在活动场所中，还会随着人流与空气的流动而扩散外溢到周围的绿地中、道路上，造成污染，影响环境卫生。一些小公园内及周边没有公厕，加之一些无人管理的宠物垃圾，天长日久也会影响地区环境卫生。

3. 设施易损

大量的中老年人群在活动场地上健身、运动，众多的儿童及青少年在活动场地上游戏、娱乐，场地内的一些设施，如灯、座椅、亭廊花架、垃圾箱等被过度使用或损坏；个别人还会践踏绿地，损毁场地的市政设施和花草树木。

4. 市容不整

一些距离社区较近的小公园，不仅是本地社区人们聚会的场所，还会吸引大量的流动商贩、社会闲散人员聚集，有的甚至会自发形成一个街摊市场，这些人流、车流、商贩的长期无序聚集，随之产生的一些杂物和垃圾，会破坏城市环境，影响市容的整齐美观。

3.2　设计启示

1. 离散空间

公园内活动空间大，聚集的人多，噪声扰民就可能加剧，卫生也难保持。可通过设置花坛、绿地和小品的方式，将大的活动空间化整为零，有主次之分，适当减小群体活动规模。

林奇（Kevin Lynch）在《场地规划》中指出25m左右的空间尺度较舒适得当；费雷德里克·吉伯德（Fredderik Gibberd）《市镇设计》中，认为80ft（约25m）左右的距离可以辨认出建筑细部和人脸细部，产生亲切感；芦原义信提出"外部模数理论"即可以采用20～25m的模数来布置外部空间，使外部空间更加接近人的尺度。英国地理学家艾普顿（Appleton）提出的景观偏好的"庇护所—视野"理论认为小型活动场地的空间偏好，随着活动场地面积减小，活动场地的边界空间相对增加，"庇护所"（refuge）效应增加，满足人们对边界的安全需求[7]。

可见，多数理论家认为长宽分别为20～25m的场地，尺度是宜人的。因此，对于较大活动场地进行化整为零布置，既考虑了亲切宜人的空间尺度，削弱大型空间及场地的单调与空旷感，又积极有效地降低污染，消解扰民矛盾，并引导人们进行更适宜的空间行为（见图3-1、图3-2）。

图 3-1　北京海淀区新中关广场活动场地利用硬地、草坪及高差划分空间

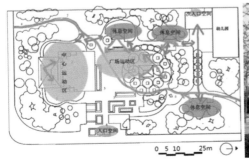

图 3-2　北京北三环安贞桥附近的涌溪公园内的空间有机组织

2. 下沉场地

下沉活动场地可有效地降低活动对外部环境产生的负面影响。下沉活动场地可有深浅之分。浅下沉深度可介于地面与场内人的视平线之间；深下沉可界定在场内的人的视平线低于地平，一般还可与地下管理室或人防、商业空间相联通（见图3-3）。

图3-3　室外下沉空间，（[美]沙利文著《庭院与气候》中插图106页，参考绘制）

下沉活动场地既不破坏地面周围原有景观，又可减少外界干扰，尤其在北方，结合遮风避雨的设施还可创造冬暖夏凉的小气候环境。下沉空间如同庭院，花园化布置，有明确的边界、领域感、安全感和半私密性，四壁还可充分进行垂直绿化，增加植物的自然芬芳、树阴和色彩。场地内的群体活动产生的噪声向外扩散时，受四周墙壁与绿化的阻挡及吸收，有效降低污染程度。场地活动不易向场外溢出，也便于保持环境卫生，美化城市市容（见图3-4）。下沉场地土方工程量较大，要建长坡道满足无障碍需求，排水设计难度大，建设成本较高。

图3-4　北京海淀区世纪城社区的下沉活动场地

洛克菲勒中心（Rockefeller Center，NY）的下沉广场是现代城市空间设计中的经典案例。下沉设计一方面保证了整个建筑群的整体观感，商业空间可以服务于广场，与地铁车站及周边的建筑物连通，成为与城市职能相互贯通的功能空间，但又是闹中取静；另一方面也有效地区隔了人的活动与机动车交通。地面广场以雕像及连续喷泉水池为主景，下沉广场场地平坦，经常举办各种展览，冬季可供滑冰活动，场地周围有带状花坛，供人们小憩，由于工作、休闲功能综合，这里已成为人们昼夜休闲的重要场所，有活力的城市空间（见图3-5）。

图 3-5　洛克菲勒中心下沉活动场地（brorson.com）

3. 植树隔离

公园活动场地边界的隔离物隔音效果优劣直接影响减噪效果。目前，在城市交通规划中常采用声屏障达到减噪目的，声屏障使声波在传播过程中受到障碍而引起明显的衰减。不同材料的声屏障有不同的减噪效果（见图3-6）。小公园边界及其内部的活动场地边界设计中，建议适当选用造型美观、安装快捷方便、产品轻便、防水、防尘、耐用、强度高的声屏障。

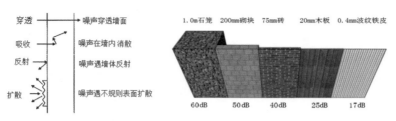

图 3-6 声屏障减噪的原理及声屏障常见材料（gabions.co.nz）

　　植物也可以作为理想的减噪材料。有研究表明：竹林的减噪效果最佳，其次是乔灌草型、乔草型、灌草型和灌木型，草坪型减噪效果较弱；较高的植物群落对噪声的衰减作用更强，延续性更久；盖度越大的植物群落对声环境的优化效果越好（洪昕晨等，2016）。绿化带降低噪声原理：

- 当声波入射到树叶和树干表面时，一部分声能被树叶和树皮吸收。
- 由于地面或草皮的反射和吸声而引起声衰减。
- 由于树林形成的垂直温度梯度而引起声衍射。[8]
- 利用绿化带降低噪声，其效果取决于地理气候、植物种类及配植、种植宽度、树冠高度、种植密度以及季节变化等因素。关于绿化带对噪声的影响，国内外已有一些研究报道[9]。当绿化林带宽度为 40m 时，可降低噪声 10 ～ 15dB；当宽度为 10m 时，可降低噪声 4 ～ 5dB，而 10m 宽的草皮也可降低噪声 0.7dB（王春梅，2007）。绿化林带界面可以设计成凹凸变化，增强减噪效果（见图 3-7 ～图 3-9）。

图 3-7 能吸音的凹凸布局的表面 [（roads.maryland.gov），（4.uwm.edu/cuts/noise）参考绘制]

图 3-8 北京金源娱乐园健身场地采用两侧绿化界面和地形阻碍场地噪声的扩散

图 3-9　克拉根福小公园中用树篱隔离的儿童游戏场

4. 远离住宅

噪声的能量随着传播距离的增加而减少，传播距离与通过障碍物有关。例如，住区附近公园内的游人活动与周边住宅的距离越近，可能的噪声污染越大，干扰人们的正常生活，因此公园应适当远离住宅。合理确定公园活动空间与住宅间距，应进行实地检测，参考道路车辆噪声影响、是否经常有广场舞、有无隔离物等情况，综合测算，以便符合《城市区域环境噪声标准》要求。防噪声距离以内区域宜进行绿化。但是，与社区距离加大，活动空间地利用率可能随之降低（见表 3-1，图 3-10）。

表 3-1　　　　　　　　　　《地面交通噪声污染防治技术政策》参考

噪声来源	防噪声距离（m）
铁路、高速公路两侧	80 ～ 100
一级公路、城市快速路两侧	50 ～ 80
二级公路、城市主干路、城市轨道交通（地面段）两侧	30 ～ 50

图 3-10　维也纳街旁小公园远离住宅

根据声学原理，声音在传播过程中的衰减包括两部分，一为距离衰减，二为附加衰减，即随着与声源之间的距离增加而减少的声压级超出声波散射性减少量的那部分。关于距离衰减，国内外有诸多研究成果，其中林峰（2010）的研究结果表明，高速公路交通噪声级距离衰减规律与距离的对数值密切相关（见表 3-2），可用 $LA = a + b \times \lg r$ 函数关系式表达。

表 3-2　　　　　　　　福泉高速莆田段昼间噪声距离衰减测量　　　　单位：dB（A）/ LAeq, dB

测量点	5m	35m	65m	95m	125m	155m
1	75.8	63.1	61.8	59.6	58.6	56.9
2	76.1	63.5	60.7	59.6	58.2	57.1
3	75.7	64.0	60.9	59.7	59.0	57.4

总之，在实际设计中，设计师应重点考察噪声来源位置、噪声特征、噪声可能的强度以及噪声距离，从而有效地进行场地布局，积极把控和引导游人的活动内容、形式及其可能产生的噪声污染。并根据距离衰减规律，结合植物和减噪设施等措施进行环境设计。

5. 附设花园

政府机关、商场、文化机构等单位以及一些公共建筑附近都设有人流集散地、停车场等，这些场地多位于城区中心，多数晚上空闲，如果有可能，它们可兼作休闲活动场地，噪声扰民程度小，方便附近人们使用，缺点是管理难度大，离住宅较远。（见图 3-11、图 3-12）。

图 3-11　韩国釜山市立美术馆前小公园

图 3-12　韩国釜山奥林匹克会场外部小公园

第二部分 公园环境

环境指围绕着人的空间及其影响人类生活和发展的各种自然因素和社会因素的总体。环境的好坏直接影响人们生活的品质及身心健康。

公园环境可理解为游人享用的公园内的物质条件和精神因素的综合体,可以直接、间接影响游人活动和发展的各种因素的总和。依据公园的功能及属性分析,公园环境的研究内容应包括空间构成、设施配置、场地构建和交通组织等。尤其小公园环境更注重微环境、小气候环境的塑造。人们日常健康的户外生活追求安全、整洁、舒适、亲切、优美的自然环境,而且事实证明这种理想的环境会给人带来愉悦,有助于身心健康发展。

伦敦 St Jamess Park(www.dianliwenmi.com)

纽约 Bryant Park 游人行为(commons.wikimedia.org)

4　功能属性

从生态学角度看，小公园是以土壤为基质、以植被为主体、以人类干扰为特征，并与微生物和动物协同共生的人工生态系统；从城市规划角度看，小公园是城市用地功能的重要组成部分，向公众开放，是以游憩为主，兼改善生态环境、美化城市和防灾避难等功能的城市绿地。

4.1　公园功能

小公园可以是街旁绿地、社区公园、小区游园以及一些小型公共开放空间等，有直接功能和间接功能。

1. 直接功能

（1）游憩休闲。小公园吸引人们欣然前往的重要原因之一是偏自然的景观异质性。舒适的、有特色的景观能让人赏心悦目、体验慢节奏和近自然的愉悦。其活动空间、活动设施为人们提供了户外活动的可能性，这是小公园最主要、最直接的功能。人们需要多样化的休闲游憩方式来缓解工作与生活压力，公园游憩已成为日常首选休闲方式之一（见图4-1）。

图4-1　夏季的 Bryant Park（streets.mn/2013/11/19/3）

（2）健身运动。随着人们健康意识不断增强，公园健身功能凸显，利用闲暇时间，日常性的从事跳舞、散步、跑步和打球等锻炼活动已经成为城市人们普遍的生活习惯和社会需求（见图4-2）。

图 4-2　海口公园游人健身运动（www.pinterest.com）

（3）社会交流。小公园良好的环境对人们的生理与心理健康会产生积极影响。不仅能增强健康观念、缓解精神压力，还能促进社会交流。以公园空间为载体，公园内的各种活动为契机，人们聚集在一起，互动交流。小公园成为人们重要的社交平台和场所（见图 4-3）。

图 4-3　小型儿童戏水公园成为交流载体（jewishsightseeing.com）

2. 间接功能

（1）美化城市。公园具有与生俱来的美化城市的功能。小公园景观显著区别于以高楼林立、玻璃幕墙、水泥路面和立交桥等为特征的城市硬质景观。公园绿地可以柔化城市外观轮廓，美化城市环境。公园有其优越的观赏、游憩及生态价值，为生硬的城市增添自然美，让城市能够呼吸，焕发城市的自然韵味和生机活力。自然的植物体、有文化艺术品位的游憩设施、小品、水景，自然的地形空间等，无不为城市增添鲜活的意趣、色彩和魅力（见图 4-4）。

图 4-4　Bryant Park 绿色景观（www.asla.org）

（2）生态环保。城市化的快速推进，使城市不断扩大，城市原有的自然环境发生极大改变。人们试图构建多层次的人工绿地来恢复城市自然生态系统。大量的小公园建设有助于完善自然环境的生态功能，如空气净化、风的过滤、噪声吸收、微环境优化和生态平衡等（见图 4-5）。

图 4-5　香港某小公园 A small park at On Chun Stree（www.panoramio.com）

（3）卫生避险。小公园能够改善城市局部小气候。可以降低城市热岛效应，调节空气湿度，促进局地气体环流，改善通风条件、降低噪声和粉尘污染；公园中的绿色植物通过光合作用吸收二氧化碳释放氧气，可以降低环境中的二氧化碳浓度，在城市低空范围内调节和改善城区的碳氧平衡，提供更加清洁的空气，绿地还具有提供清洁水源和保持水土的作用。

在城市建设中，公园的防灾避险功能日益得到重视。一些国家对于防灾的重要性认识较早。例如，1832年，英国议会就将公共绿地纳入城市防灾体系中[10]。美国于1871年的芝加哥大火后开始重视城市避难场所的设置[11]。在1923年关东地区大地震后，日本借鉴美国公园系统的经验，开始进行城市绿地的防灾建设。1995年的阪神大地震后，日本政府把防灾列为城市公园的首要功能，大力推进日本防灾公园体系的形成。日本政府明确要求凡大于$1hm^2$的城市公园都须具备一定的防灾避难能力[12]。此外，公园内设置的避难设施也相当完善，例如平灾结合的座椅、应急配电设施、应急用水设施等。日本可谓在灾前、灾时、灾后都做好了一定的防护，公园绿地在城市防灾方面的作用和重要性被广泛认识。我国台湾防灾绿地系统主要包括防灾路径、防灾空间、防火绿道和缓冲绿地等，并可作为防空、避灾的紧急避难场所。

近年来，国民的防灾意识逐步加深，防灾公园的选址评价、布局优化与责任区划方法等受到一定的关注。北京、西安、泉州、济南、天津、上海、重庆、南京、杭州等大中型城市对防灾公园的建设给予了高度关注。例如，北京市于2003年开始建设防灾避难公园，目前一些社区、街旁绿地等小公园逐渐被纳入城市防灾避难用地范围。

4.2 公园属性

属性是事物具有的性质特点，是事物存在的外在表现形式，是人脑对事物关系的一种反映。欧美早期公园诞生的社会动因、公园实践与认知都说明公园本质上应具备自然属性、公平性、民主性及休闲性，公园主要功能是改善城市环境。19世纪中叶，美国纽约中央公园委员会报告认为，公园是提供给不同阶层的人们充分享受空间和美景的"最优之娱乐场所"，强调景致的奇特美丽和游人的平等待遇。

正如近期我们对北京市二环、三环沿线的开放绿地及北京部分市级、区级公园进行游人满意度影响因子的调查结果显示：公园的吸引力、整洁、美观、实用和安全以及公共性与开放性等是主要影响因子。小公园作为人们户外活动的开放空间同样应满足公园的基本属性，适时更新并适度调整与时代特征、公园类型相适应的活动内容和设施，应重点关注以下方面。

1. 物理层面

（1）便利性。首先，公园出入要便利。主入口一般设置集散空间和停车港湾，便于人、车辆就近停靠。次入口应简洁、亲切宜人，便于识别。小公园入口设计应关注无障碍处理，如果有台阶，一般同时应建有坡道和扶手，主路还要设置盲道，有条件的，应建其他的无障碍设施与器具（见图 4-6～图 4-8）。

图 4-6 西雅图 Pinehurst 口袋公园入口（bestseattleparks.com） 北京南礼士路公园出入口处理

图 4-7 无障碍设施（stcroixrec.com）

图 4-8 美国纽约某街旁小公园入口

　　其次，公园内主要景点和运动器械周围要有集散空间和活动场地，方便游人欣赏景观和进行健身活动，但总体布局要合理，既要保护公园绿地，又要考虑大众行为需求。

　　最后，合理设置道路走向。如果游人行进前方有非常吸引人的雕塑、喷泉或重要建筑等景点，道路最好趋近直线，即使有弯曲，也不要太绕远，满足多数人希望走捷径的心理。道路转弯处应做圆角处理，从而缩减转弯距离，转弯半径依据道路等级而定。

　　（2）安全性。小公园是人们日常游憩、聚集的场所，也是城市防灾减灾的避难场所，一旦有意外灾害如地震、火灾等发生，小公园是附近人们的首选避难所。小公园内空间布局与设施布置要秉持安全第一原则，各类设施的细部一定要精心处理，避免伤害游人。

- 边界防护　公园边界一般有适度维护，需要设置绿篱、密植乔灌木、路牙石、栏杆或墙体等设施。公园内部不同活动区为了降低相互干扰，有时也需要适当分隔，建议首选植物；一些坡度较大的台阶旁、水岸边，应设置护栏（见图4-9）。

图 4-9　皇城根遗址公园五四丰碑景点边界形式

- 地面防滑　园内铺装必须考虑雨雪天气中路面活动安全。小公园内道路、台阶及活动场地铺装，如果选用大理石等表面光滑的材料，一定注意要做防滑处理（见图4-10、图4-11）。

图 4-10　北京皇城根遗址公园内铺装

图 4-11　北京安定门桥至北锣鼓巷段小公园内铺装

- 水深警示　小公园内的水体，应以浅水为主，如果种植水生植物，像池塘植荷，水深以 60～100cm 为宜，并关注潜在危险；水体边，要设警示标志，提醒游人注意安全。
- 照明适度　园灯能为夜晚的小公园增添魅力，但装饰切忌过于华丽耀眼，趋光恐黑是人的普遍心理，但灯光不宜太亮，防止光污染，提倡健康节能，要努力为游人打造了一个温馨、自然、舒适的夜晚休闲环境。
- 儿童游戏场　一般不用坚硬地面，可用塑胶地面；场地及器械上不能有细小坚硬的突出物；不能布置安全系数小，运动剧烈的器械；不能选择有毒、有刺、有飞絮树种；花灌木种植不宜过密以免遮挡视线，要尽可能让孩子始终处于家长看护的视域内（见图 4-12）。

图 4-12　纽约泪珠公园（image.so.com）

（3）整洁性。高质量的小公园环境应始终保持整洁，设计应考虑便于管理。

- 喷泉水池慎重使用　水景在夏季虽很受游客欢迎，但在中国北方，枯水期的景观效果欠佳，冬天管理维护也需要较大投入，因此设计时应斟酌，建议量少而精。
- 卫生保洁要便利　有刺植物易粘连杂物；小面积的花池、水池易成卫生死角；凹凸不平的铺装清扫困难；白色的器械年久易变色。上述问题都应避免过多出现。
- 小品设施要坚固与耐用　小公园人多，公园设施的利用率较高，因此所有设施都应结实耐用，易于维护，利于保持园容园貌清洁整齐。

2. 感知层面

（1）舒适性。舒适的环境体现在设计关怀中。第一，表现在公园的供座水平上。座椅、挡土墙、台阶、花坛池壁、块石等，都可供人短暂休息，要尽量布置木制的有靠背的座椅，舒适安全；活动器具都应符合人体工程学要求，尺寸合适，便于使用。第二，设计应满足四季需求，例如：夏季乘凉、避雨等需要，夏日高温炎热，树阴下会比较舒适。园内游人常停留的场地周边应适当种植高大茂密的庭荫树，设置凉亭、长廊等供游人使用（见图 4-13）。

图 4-13　有遮阴的舒适空间（newyorkcondoloft.com）

（2）参与性。公园内活动的儿童希望能参与游戏或自娱自乐，中老年人愿意利用公园里的活动设施锻炼和娱乐。丹麦扬·盖尔（Jan Gehl）《交往与空间》（*Life Between Buildings*）研究发现当公共空间的环境设计较理想时，会促进人们在场地中活动的时间和发生频率以及增加活动类型。健身活动场地在公园中较受欢迎，公园配置适量的健身器械供人使用，可增加公园的生机和活力。

活动场地的边缘可以让人们获得大量的场地内部的视觉信息。人有"看与被看"的心理需求，通常公园内开敞平坦的活动场地可被视为舞台，面向活动场地的边界空间被视为观众区，这里的座椅拥有较高的使用率，也是促进参与性的有利条件（见图 4-14）。

图 4-14　多伦多 Bellevue Square Park（upload.wikimedia.org/wikipedia）

（3）愉悦性。小公园中除了人的活动本身带来的愉悦外，优良的公园景观更可令人赏心悦目。小公园中植物的形态、色彩、质感有很强的观赏性和景观意境，尤其芳香植物散发的气味更令人神清气爽。植物的生理功能可以有效地改善公园的空气质量，使公园具有清洁的空气、充足的氧气、冬暖夏凉的小气候条件，植物的配植方式、春花、夏叶、秋果、冬绿特色各异的季相变化，都会给人们愉悦的感受（见图 4-15）。

图 4-15　Toronto High Park 令人赏心悦目的秋季景观（parkbench.com）

公园内的体量适宜、设计新颖的建筑，有时代特色的小品和雕塑，造型活泼生动、色彩亮丽的儿童游戏器具，也会引人关注，令人愉悦。例如，Ross Park 的游戏场一个很酷的新功能是通过小型的音乐节点的设计实现的，游戏中，两个鼓和三个响亮的铃会奏出美妙的音乐，极具趣味性（见图 4-16）。

图 4-16　Ross Park 与音乐结合的游戏器具（bestseattleparks.com）

5 空间模式

城市小公园广义上可以理解为一种自然与人工融合的户外公共空间环境。不仅被赋予实用的属性，还被赋予美的属性。从空间布局上看，小公园主要由园路、活动场地、植物种植地及水体等组成。良好的空间布局可以塑造小公园的风貌特色，提高公园使用价值环境效益和社会效益。

5.1 空间构成

空间是指物质存在的一种客观形式，由长度、宽度、高度和大小表现出来。空间是与时间相对的一种物质客观，空间理论成为唯物史观的重要组成部分。人类实践与交往活动、社会关系、精神文化生活，在一定空间展开和持存的同时，又作为空间实践、空间事件和物质存在塑造着空间，这使空间在人类实践中发生着自然—社会、物理—人文空间的互渗和互生[13]。关于空间的定义，不同领域有不同的理解。

- 哲学　空间是抽象概念，其内涵是无界永在。
- 文学　情的空间和知的空间。
- 数学　原点与 x、y、z 三轴之间共同构成的关系（见图 5-1）。
- 经典物理学　宇宙中物质实体之外的部分称为空间（见图 5-2）。
- 相对物理学　宇宙物质实体运动所发生的部分称为空间。
- 爱因斯坦《相对论》　空间是相对的，没有一个绝对的空间；时间是相对的，时间与物质运动不可分离。

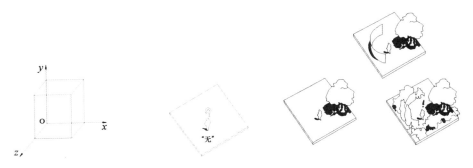

图 5-1　数学空间　　　　图 5-2　经典物理空间，实体可围合形成空间（参考网络资料绘制）

小公园由各种空间有机组成，这些空间可以理解为相对的、立体的、有层次、流动的、有情感的、可认知的客观存在，都可以归纳为边界、领域和中心三大构成要素。分析空间构成的目的在于揭示空间与行为活动的适应性。

1. 边界

边界是指两个区域间的交界处，或称界线。小公园的边界至少可以分为三个层面理解：

- 公园中的同一空间内的不同活动场地之间的分隔及围护形式。
- 公园中的不同空间之间的分隔及围护形式。
- 公园与外部环境之间的分隔及围护形式。

（1）边界具有公共性。因为边界是人们能感知的场地与场地、空间与空间、公园内部和外部的分界线。边界对于空间既分隔又联系。其公共性表现在某边界的设计对于相邻各空间有普遍影响，设计时要从各相邻空间的视角相应地展开思考，统筹兼顾。

（2）边界具有封闭性。体现在边界的控制强度和围合质量上。基于观察者的视线高度，边界可以是一种屏障，或封闭、半封闭半通透，或完全通透。封闭性与垂直要素的高度、密实度和连续性等有关（见图 5-3 ～图 5-5）。

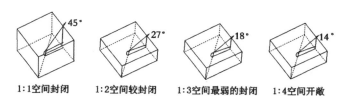

图 5-3 垂直要素的相对高度和绝对高度综合决定边界的封闭性（参考网络资料绘制）
相对高度 = 墙的实际高度 / 视距 = H/D，绝对高度 = 墙的实际高度

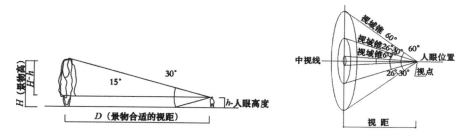

图 5-4 空间边界与游人站点之间的距离不同，会产生不同的视觉体验（参考网络资料绘制）

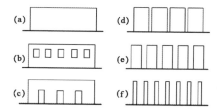

图 5-5 同样的高度，墙越空透，围合的效果就越弱，内外渗透就越强（参考网络资料绘制）

（3）边界具有开放性。开放性与封闭性相对而言。小公园边界设计应尝试隔而不断的巧妙设计，适当考虑引人入胜，进园活动，提高公园的使用效率。公园边界的设计应考虑城市整体利用，人们可以在公园中逗留、健身、娱乐和交流，从地铁站、公交站出来的人们，可以穿过公园，而不须绕过公园，到达目的地。真正使小公园设计亲切、实用、美观，实现人性化，真正使小公园融入人们日常生活中，成为大众的生活场景，成为友好型城市的亮丽风景[14]。

（4）边界具有可识别性。公园边界是人们认识公园的起点。我们日常经验中的空间都有限定的范围，这些限定空间的元素使人们更容易记忆和认知空间（见图 5-6）。

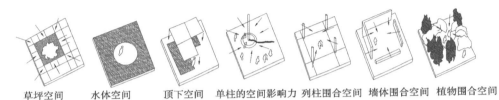

草坪空间　　水体空间　　顶下空间　单柱的空间影响力　列柱围合空间　墙体围合空间　植物围合空间

图 5-6　空间的分隔或内聚向心采用的边界形式（参考网络资料绘制）

小公园空间的可识别性可以通过对边界的设计加以实现。边界的材料和形式极为重要，在人们对边界的感知中最容易被概念化和符号化，给人留下深刻的印象。例如，Tconservatory 花园中的圆形空间，从内至外，第一层空间边界是修剪的模纹花坛，第二层空间边界是草花花坛，第三层空间的边界是修剪的绿篱（见图 5-7）。

图 5-7　植物边界（centralpark.com）

（5）边界形式丰富多样。边界可以是建筑物或实墙，也可扩展为空间，还可以是水体，或一片树林、草地、绿篱、花境、一处抬起或下降的场地等（见图5-8）。

图 5-8　边界扩展为空间（asla.org）

2. 领域

领域的概念来自于个体生态学，指针对其他组织成员的受保护区域。空间被定义为生物活动时所占有的地方，即空间领域。心理学及社会学家认为领域即人们所占有的空间范围。引入到小公园中，可理解为行为主体为了满足某种需要所占有与控制的空间范围（见图5-9）。建筑物或设施等占有和控制的空间范围也可理解为领域。

图 5-9　空间领域（pentaxforums.com）

斯蒂（D.Stea）将领域按照社会组织结构分为三个层次：领域单元（个人空间）、领域组团和领域群。领域单元以个体为中心，半径受文化因素影响；领域组团包含了不同的领域单元及其交往频繁的通道；领域群则包含各个相关的领域组团，即各组团的集合[15]（见图 5-10）。

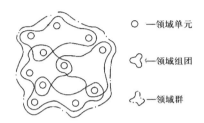

○ —领域单元

 —领域组团

 —领域群

图 5-10 空间领域的划分（参考网络资料绘制）

在领域群中，即使个人空间也会被集体成员视作"我们的领域"。个体的需要会引发空间领域的形状、面积和边界的变化，最终导致小公园空间形式的变化（见图 5-11）。

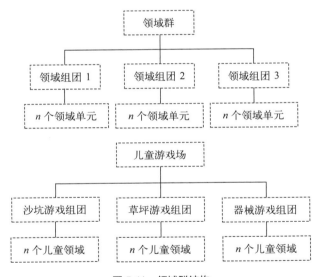

图 5-11 领域群结构

小公园中的游人分布保持着一定的距离，这个距离几乎决定了空间领域的大小。爱德华·霍尔（Edward T. Hall）依据远近，将人们之间的距离分为四种：

- 亲密距离　约 0.30m 以内，包括抚摸、格斗等。
- 个体距离　0.35 ～ 1.80m，人们可以相互交谈。
- 社会距离　1.80 ～ 3.00m，人们进行相互交往或办公。
- 公众距离　3.00 ～ 9.00m，一般是与陌生人的距离。

在小公园的空间内，基于人体平均肩宽（男性 18~60 岁）0.330 ～ 0.415m（GB10000—1988），则：

最小领域单元直径≥个体距离＋人体肩宽。

游人数量与游人之间的社会关系影响着空间领域的大小；反之，已确定大小的空间，其饱和的空间容量随之确定，当空间容量低于饱和状态时，游人会感到空间宽敞、身体舒适，空间利用率不足 100%；当空间容量超饱和时，游人会感到空间拥挤、身体不适，空间利用率也随之下降（见图 5-12）。

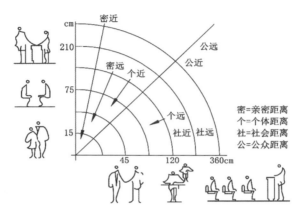

图 5-12　人际距离空间的分类（image.baidu.com）

小公园中的空间领域不仅为个体或群体提供活动空间，还能提供安全感与刺激信息。随着使用时间的持续，该领域还能增强使用者相互的认同感，并使领域中的活动潜移默化地具有了排他性。但由于不同的个体或群体对空间领域的要求不同，便会自发地形成不同的领域单元，这些领域单元会反映各自的活动特征及活动内容，这正是设计师进行空间布局和活动分区的依据，由此保证人们的活动质量，提高小公园的价值（见图 5-13 ～图 5-15）。

图 5-13　休息平台空间领域（interiorzine.com）

图 5-14　景观建筑的空间领域（s0.geograph.org.uk）

图 5-15　由游具形成的空间领域（奥地利克拉根福某公园）

3. 中心

小公园的中心一般只有一个，副中心可有一个或几个与之相呼应，形成多层次的公园布局结构。中心可从几个层面来认识。

（1）概念认知。二维中心可以是平面图中与四周距离相等的位置，如圆形的圆心、矩形的几何中心；也可以是多边形的其他"心"，如三角形的重心、内心、垂心、外心等位置；还可以是多个平面图形组合而形成的中心部位。中心部位由"心"点向外辐射，进而扩大范围，形成中心的空间或场地。英文的"center，heart，middle，nucleus"从不同角度表达了中心概念（见图 5-16～图 5-18）。

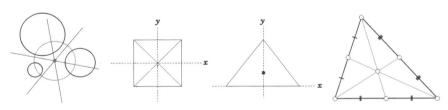

图 5-16　几何图形的中心或其他心

图 5-17　多空间组合形成的中心

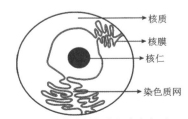

图 5-18　植物细胞的结构中核仁为细胞中心（archive.cnx.org）

从三维角度看，中心可以由物体形成，如水景、雕塑、游戏器具、树木等，也可以由人及其活动构成。从几何构图上不难理解，一个空间或场地可分解为中心、过渡带、边缘，如果在该空间或场地的边缘布置座椅或预设行人驻足停留的空间，空间或场地中心就很容易成为由四周向内的视线焦点；从功能上看，中心承载着空间或场地中的最主要的功能，如观赏风景、游戏、交流、运动等都可以在中心展开（见图5-19）。

图5-19　维也纳街旁小公园的中心水景

（2）引申意义。小公园的中心可以是占重要地位的空间、场地或设施。例如，儿童游戏场内的组合游具往往成为游戏场的中心，由于其趣味性强，形式变化丰富，色彩鲜艳，吸引众多的儿童前来参与游戏。这样的游具会在游戏场中起着领导和支配的作用，并形成儿童游戏空间的环境特色，这样的中心已经是客观物质形式与主观精神感受的综合体，并随之形成了特有的游戏景观，即儿童的活动、物质形式及感情色彩的融合，是游戏空间内生机和活力的具体体现。

从整体环境意义上讲，游戏景观往往塑造了游戏空间的精神面貌。单纯的设施或景观观赏，会产生恬静、疏朗的环境氛围；单纯的人的活动，会产生单调、热闹的环境氛围；而人们利用一些设施进行活动，则更有趣、生动。具有丰富的参与性的景观体验，应该是比较理想的中心设计（见图5-20）。

（3）设计意义。小公园设计如同写文章，需要表达设计的中心思想，反映时代特征、地域特征、未来游人特征和需求以及相应的设计内容。设计师应掌握充分的设计依据，在科学的设计理论指导下，结合丰富的实践经验进行创作。创作应分清主次关系，重点突出。无论是设计的内容、功能展示和设计元素运用，还是对设计理念、思想、原则及方法等的分析、选择，都应进行深入思考，从科学合理的布局到设计细节的品质都是为小公园设计的中心思想服务的，都要精益求精。

图 5-20 由 3D 人模展示的游戏场地景观（secure.axyz-design.com）

4. 空间序列

随着行进时空的变化，多个空间会引发一定的秩序性知觉形象，多个相对独立的空间单元组织形成的一个既变化又统一的空间群。空间按一定的规律有条理地布局，就出现了节奏，在节奏中注入人类的情感因素，就形成了韵律。空间序列所产生的节奏与韵律具有很强的艺术感染力。序列空间组织常形成轴线，空间层次关系清晰，秩序感强。序列空间的营造手法如下。

（1）空间对比。空间视觉上的对比效果能使连续的空间感发生突变。空间可以有明暗对比、体量对比、虚实对比、形态对比、方向对比、色彩对比和疏密对比等（见图 5-21）。

图 5-21 Halprin 空间序列：石板铺装与绿地、流水的质感和静动对比（docomomo-oregon.org）

（2）空间转换。轴向空间序列在视线方向上进行转换，引导视线的移动。形成空间转换的因素有垂直因素与水平因素。垂直因素主要有建筑物、构筑物和高大植物等，能够引导视线的转动。水平因素主要指地形，如平地、凸地形和凹地形，可以在人们上升或下降的移动过程中使视线不断地抬高和降低，丰富视觉感受（见图5-22）。

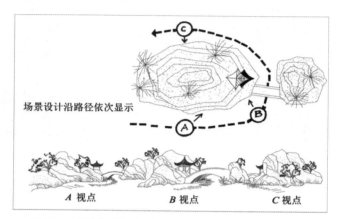

图 5-22 沿路景观设计，步移景异（www.allchinanet.com）

（3）空间重复与渐变。重复是指一种或几种空间连续、重复地排列，各空间之间保持一定的距离和关系。渐变是指空间在重复的过程中某些方面如体量、方向、色彩、质感等按照一定规律变化。空间重复，易形成单调感和视错觉，而空间渐变易形成秩序性和节奏感（见图5-23）。

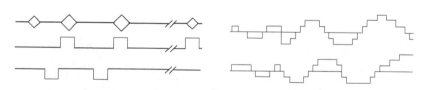

图 5-23 序列空间中的空间重复与渐变

（4）连接与轴线。连接是指各构成要素以线性形态连成的方式。根据人们的视觉心理规律，形体的连续性形态是"格式塔"整体效应的最佳表现形式。实体要素之间相互连接成为一个完整的线性形态，是视觉上直接形成轴线的最基本的方式（见图5-24～图5-26，参考网络资料绘制）。

图 5-24 视觉上直接形成的轴线 　　图 5-25 两个场地中间的标志形成的轴线

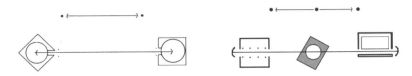

图 5-26　两个或多个空间通过对位关系形成的轴线

多个空间的处理可利用空间的对比、渗透、层次和序列等关系。拉长游程，组织空间。重点关注对空间的分隔与联系，使空间连通－渗透、延伸、静止－流动，起承转合，自然形成空间层次（见图 5-27、图 5-28，参考网络资料绘制）。

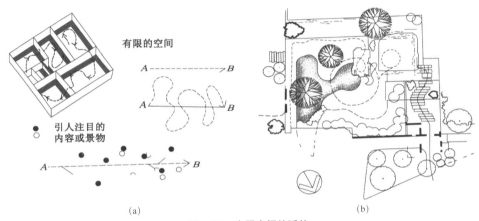

(a)　　　　　　　　　　　　　　　(b)

图 5-27　有限空间的延伸

（a）拉长游程、精心安排视线；（b）桂林盆景西部游线示意图

图 5-28　苏州留园曲折、狭长、封闭的空间——极大压抑人的视野——豁然开朗

（5）均衡性与轴线。当轴线所控制的各形体的形状、大小及与轴线的距离都不完全相等时，仍然能使人们感觉其分量相等，没有偏重和主次，即达到均衡性。也就是使系统形成一种动态平衡。园林景观要达到均衡，就需要协调各景观要素、空间要素之间的关系，使它们在形态、方向诸方面达到适宜的状态，从而给人以平衡、稳定和完整的视觉感受。轴线的均衡性分为对称性均衡和非对称性均衡即平衡与动态平衡（见图 5-29）。

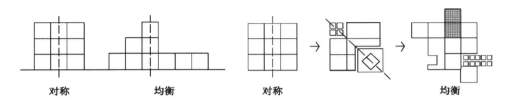

图 5-29　均衡性与轴线（参考网络资料绘制）

（6）对称性与轴线。完形心理学的研究表明，对称的构成方式更容易聚合，能产生视觉感较好的图形。如图 5-30（b）图形的对称能构成一条垂直于图形连线的轴线；图 5-30（a）连续的对称图形可以引导视线在中心位置停留，形成心理关注，从而强化轴线的主导作用；图 5-30（c）围绕一个中心点布置景观要素，相邻要素所形成的多条轴线便构成了放射型轴线。对称构成的轴线往往是心理上的轴线（见图 5-30）。

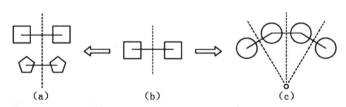

图 5-30　对称性与轴线（参考网络资料绘制）

（7）空间的力感与动感。空间平面的组合变化可使空间产生动感，如图 5-31（a）同型空间平面静态重叠时，产生静态效果；图 5-31（b）沿水平或垂直方向平移空间平面时，产生物体做功的效果，即产生力的效果；图 5-31（c）沿某一曲轴上下左右平移空间平面时，产生螺旋式运动效果，引导人的视点在空间中不断变化；图 5-31（d）在上述平移基础上加旋转，产生的变化更加复杂。

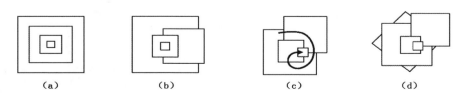

图 5-31　空间的力感与动感（参考网络资料绘制）

5.2　空间类型

空间主要指公园建筑的外部空间，由地形、植物、山石、建筑等造景要素所构成的景观区域，是游人活动的主要场地。不同类型的空间将为人们提供不同的体验选择。

1. 按形态分

（1）规则式空间。又称建筑式、几何式等，整个公园及各景区景点表现出人为控制下的几何构图，追求图案美。在总体规划上常使用轴线。园地划分，广场、水池、花坛平面多采取几何形；园路多用直线；植物配植多采用对称式，株行距明显、均齐，花木整形修剪成一定图案，园内行道树整齐、端直、美观，有发达的林冠线（见图5-32）。

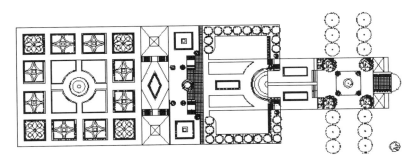

图 5-32　规则式空间（nzgardendesign.co.nz/sampleplans.htm）

（2）自然式空间。又称不规则式。我国园林，从有历史记载的周秦时代开始，无论大型的帝皇苑囿和小型的私家园林，园林空间多自然式山水格局，并先后对日本园林、英国园林等产生一定影响。新中国成立后的新园林仍不乏历史传承，依然倡导模拟自然、因地制宜的自然式园林空间（见图5-33）。

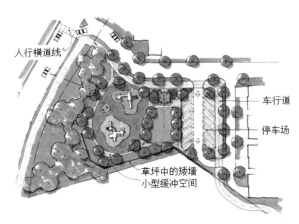

图 5-33　Dunwoody 的小公园（reporternewspapers.net）

小公园常见平地、微凸凹地形。自然式空间设计通常最大限度地保留原有地形，地形断面为和缓的曲线。除了建筑和广场基地以外，少做地形改造，原有破碎割切的地形稍加人工整理，使其自然化。场地轮廓为自然形的小公园，较适合以不对称的建筑群、小丘、自然式的树丛和林带布置空间，道路常为自然变化的平面线和竖曲线组成（见图 5-34）。

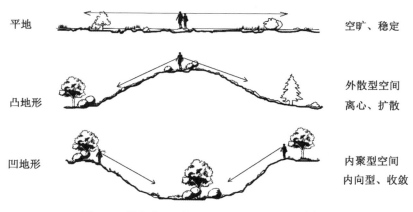

图 5-34　不同地形的空间体验（参考网络资料绘制）

（3）混合式空间。城市小公园的实际建设中，常见规则式与自然式空间有机组合。空间类型受多种因素影响，例如，公园外环境对公园用地的影响和要求、公园内的地形、植被等条件、公园功能安排和景观预设等。一般情况下，空间类型设计原则是因地制宜，在原地形平坦处，根据总体规划需要安排规则式空间，在原地形条件较复杂，有起伏时，应充分结合地形规划，介于两种地形之间的过渡区域适合采用混合式空间设计类型。

2. 按单复数分

小公园空间按数量归纳为两种组成方式，即单一空间和复合空间。无论哪种类型的活动空间都离不开边界、领域和中心等构成要素。单一空间和复合空间有以下特点：

- 单一空间适于面积小、活动内容少的活动空间。在单一空间内可以进行活动分区。
- 复合空间适于面积稍大、活动内容丰富的活动空间，一般有明确的空间划分。

（1）单一空间。如果按照我国《公园设计》规范要求，公园中绿化面积约占全园的 $60\% \sim 70\%$，适宜的活动空间按 $25m \times 25m$ 计算，则占地 $1000m^2$ 以内的小公园，适于设计为单一空间类型。

单一空间是小公园的基本空间单元，犹如生命体的细胞，具有一定的结构和功能。活动空间边界可以是简单的线型植物配植，形成偏内向的单一空间（见图 5-35）；活动空间边界也可以是弧线结合疏朗的自然式植物配植，形成偏外向的单一空间（见图 5-36）。

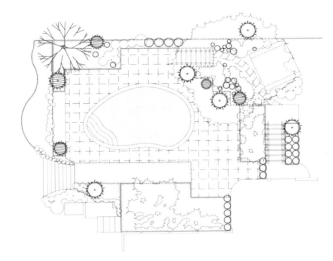

图 5-35 偏内向的单一空间（landscapedesign.co.nz）

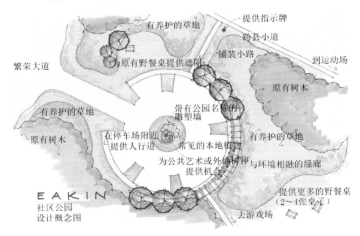

图 5-36 偏外向的单一空间 Eakin Community Park（fairfaxcounty.gov）

（2）复合空间。占地面积稍大的小公园，可以依据功能分成两个或多个空间单元，并形成一定空间结构。

一类是由一个单一空间形成核心景观。例如常见的沙坑结合休息绿地，沙坑即是单一活动空间，边界可以用多种形式的材料，边界围合的范围就是儿童活动领域，儿童活动形成朴实的活动景观。边界控制强度很弱，儿童可以自由出入（见图 5-37）。

目前我国大多数儿童公园属于此类。例如，大连儿童公园中的大草坪作为共享空间形成公园的核心区，它位于幼儿、少年活动空间及水上活动空间的交接处，兼具多重功能，既是缓冲带，又供集体活动、休息以及成人活动，这里人的活动自由度更大，而其他几个空间活动内容比较固定，随意性小，如少年活动空间，活动内容的安排以满足少年需要为主。

图 5-37　船型沙坑游戏空间（eibe.co.uk/shop/item）

在复合空间中较好的空间划分能使活动间的相互干扰降低。在同一个活动空间内，活动内容有动、有静，动中还分激烈运动和一般运动，静的有听故事、画画等活动，如果把动与静分在邻近空间内，还是互相干扰，这就需要有过渡带加以隔离。中间开辟一个开放空间，既可作为前两个空间的过渡，还可用于休息或自由活动。空间划分合理是良好的环境设计的基础。

另一类是若干单一空间组合，形成串联、并联、混联，甚至相交、穿插、错接和包含等多种关系空间。如图 5-38 所示儿童游戏场中的滑梯空间，活动场地相对大些，边界用植物围护，使游戏场与其他外环境分开；而内部硬地铺装的变化、草坪与硬地的区分，形成了不同领域，且功能各异，一个是利用游具做有规范的活动，一个是自由、随意的活动。另外，还有其他形式的空间组合（见图 5-39 ～图 5-40）。

图 5-38　美国田纳西州谢尔比农场公园林地探索游乐场

图 5-39 主空间居中布局（cn.bing.com）

图 5-40 多空间的有机组合 mushrif-central-park（alainholding.ae）

3. 按活动分

  游人活动按形式特征可以归纳为动静两大类。动态形式常见群体性舞蹈、武术、器械锻炼、跑步、散步、唱歌和唱戏等，静态形式常见下棋、聊天等。不同活动形式要求相应的空间场地，可称为动态活动空间和静态活动空间。

（1）动态活动空间。一般公园的出入口附属空间，出入公园方便，空间开敞，面积宽广、地面平坦，较适于人流集散，可将其作为动态活动空间，但应以集散为主要功能。

结合建筑的半开敞空间，如公园中的长廊、亭、花架等深受爱好音乐的中老年人青睐，对北京部分公园调查发现，几乎每天都有在此类空间中进行合唱、京剧表演和弹奏乐器等的自发性活动。此类建筑中有座椅，还能躲避日晒雨淋，很容易形成小范围的活动领域。

公园中的小广场，空间较小，形态不一，空间利用自由，适合体育健身活动，如布置健身路径、打太极、打羽毛球、踢毽子等。

公园中的道路沿线、水体沿线等的线性空间中，能为游人提供一个以放松和锻炼为主要目的健步走、慢跑的场所。一般沿线会形成空间序列，有空间的对比，使人体验空间变化，领略自然的生机与美，享受生活的情趣。

对于动态活动空间设计应重点考虑场地大小合宜和活动容量适当，高效利用公园所能提供的空间，尽力满足不同需求（见图 5-41）。

图 5-41　北京长春健身园健身路径

（2）静态活动空间。下棋、打牌、聊天交友型活动相对于舞蹈和歌唱来说是一种静态活动，对应的活动空间应较安静。进行静态活动的人，运动量相对较小、较安静，活动范围也较小，以坐或站立为主。因此，小公园在静态活动空间设计中应适当提供座椅、夏季能遮雨遮阴、冬季避风采光良好的小型半开敞式建筑，充分体现人文关怀（见图 5-42）。

图 5-42 静态活动设施（images.chesscomfiles.com）

4. 按年龄分

依据游人年龄可分为儿童、青少年和中老年等各具特色的空间。各空间活动内容较固定，从使用意义上说增强了各自空间的领域性。

（1）儿童。需要游戏场，场地内至少应该有草地、沙坑、戏水池、各类游具、自由活动的场地以及看护者需要的活动空间和设施，考虑到儿童心理、生理及体能、游戏行为等特征，总体上游戏空间范围不宜太大（见图 5-43）。

图 5-43 北京长春健身园儿童游戏场

（2）青少年。空间内应布置游戏及锻炼器械、球类场地、自行车道等设施，青少年活动能力增强，自由度大，活动范围相对于儿童游戏场要更大些（见图5-44）。

图 5-44　北京长春健身园篮球场

（3）中老年。活动空间范围及设施内容应依据其生理、心理和行为特征等进行科学规划。据调查，适合中老年人的活动，一般为步行、慢跑、太极拳、健身舞、棋类活动和唱歌等，在公园中相应地设置散步道，小型广场、小型花园供人们使用。

儿童、青少年和中老年的活动应避免相互干扰，合理划分空间。在各自的活动空间内，应考虑活动内容的动静之分，可设置过渡带加以隔离，可以是草坪、绿篱、林地，或是开放空间、微地形，既可作缓冲空间，还可兼作休闲空间、共享空间等。如图5-45所示，北京长春健身园中，儿童游乐区距离篮球场较远，互不干扰。篮球场外部建有围挡，儿童游戏场边界利用了地形高差进行半围合，这样既适合家长陪伴，又分隔空间，降低噪声污染，减少了场地间活动的相互影响。

5. 按封闭性分

可将公园空间分为开敞、半开敞和封闭空间。开敞空间即视域内的一切景物均处在视平线以下，常见空旷的广场、水面、草坪，实践中的半开敞空间应用广泛，这类空间更易适应不同功能和创造意境。

（1）开敞空间。当仅用低于人的视平线的低矮灌木和地被植物作为空间边界时，构成的空间四周开敞外向，隐秘性极弱，完全暴露于天空和阳光之下。

（2）半开敞空间。当环境四周边界高出人的视平线，如局部被高大的植物或其他实体所遮挡，其他位置由低矮灌木或其他实体围合，让视线通过，形成内外交流，该空间具较强的方向选择性，适用于有景观引导的空间设计中。

（3）封闭空间。利用高于视平线的景观元素做边界围合空间，创造封闭性。例如，利用高大的树冠浓密的乔木覆盖顶部，四周均由中小型乔木或中高灌木封闭，构成方向性不明的封闭空间，具有极强的隐秘性和隔离感。

总之，小公园设计时，首先，预设功能空间，通过对空间的位置、形态和大小的合理组织，给游人以心理暗示，在总体上控制人流去向，引导开展适于不同空间的自发性活动。如为动态活动有序布置几处形态规整、开敞、空旷的自由空间；为静态活动的人们有序布置一些安全、安静、舒适的小型空间。其次，要注意活动空间动静分离，避免互相干扰。重点把控自发性活动空间布局，避免布置在公园出入口附近，影响游人出入。另外，小公园设计应与时俱进，体现人性化服务管理。

6 场地构建

小公园场地设计之前，要先确定哪些要素应该被保留或者保护，并对场地上的现有材料和特征的潜在使用价值或保护价值进行评估，重点关注与场地设计问题有关的现状情况，例如与公园设施在场地上的定位和朝向有关的情况等。

6.1 总体布局

1. 场地分析

小公园设计时，有必要对场地现有条件列出清单，并详细阐述。

- 对地表几何形状的精确分析。
- 对地表实体的详细记载，如植物、露出地表的岩石、水体及其他情况。
- 对地表以下的设施材料及分布情况调查。
- 场地的分析对象应集合场地勘测图、土壤地质、水文、动植物文字资料、一些场地调查记录的照片、注解、注释及其他相关资料。
- 场地分析中应考虑到现状地表材料和实体潜在的用途，并加以保存，如表层土壤、样本树木、引起关注的地表形式及其他等。

这些要素可以编入早期的场地规划中，并在规划中为场地开发建立几个基准点（见图 6-1）。

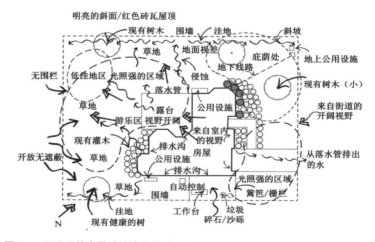

图 6-1 西班牙住宅区域场地分析（hdimagelib.com/landscape+site+analysis）

2. 场地规划

场地规划是一项综合活动，它涉及工程学、景观设计学、生态学、道路交通、建筑场地以及某些建筑设计所涉及的问题等。

（1）场地可视部分。场地规划首先处理场地内可视的部分，即能被看到的和即将建造的各类设施和空间，及其与周围环境的关系。可视场地总是引人注意的，对于设计师而言，场地观察非常重要，通常场地及其所属物都是公园景观的组成部分。设计师要考虑各种可能的情形，研究出令人满意的功能与形式（见图6-2）。至少需要考虑以下几点。

- 从所有的可能点观察：在场地上、远离场地、从附近的建筑物及其他处。
- 在夜晚、白天，随着场地照明开启或者关闭来观察。
- 在一年之内的不同时间观察，如季节对景观和场地环境的影响。
- 驾驶车辆的人们开车经过或者进入场地进行的观察；步行的人进行的观察。
- 场地规划中需要解决若干实际问题的地方。
- 环保及防止污染的考虑，包括卫生、日照、通风和防噪声的措施。

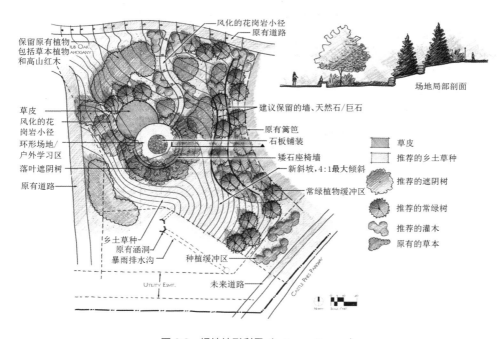

图 6-2　场地地形利用（hdimagelib.com）

（2）场地要素处理。场地规划必须考虑拟建的建筑物、构筑物、地形、水体、场地、道路和植物等元素与总体场地使用的内在联系。公园规划为游人提供了更多体验的可能性和机会。

例如场地中的植物种植与建筑的设置相结合——常见的花架，植物攀援于建筑上能形成半封闭空间，植物可以用于联系或强调建筑物。景观能被强调、开阔、阻挡、限制，或者受其他方面的约束；景观能够引导交通。场地规划可以为预期的户外事件设定一些框架（见图6-3、图6-4）。

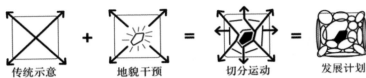

传统示意 　　　　　 地貌干预 　　　　　 切分运动 　　　　　 发展计划

传统示意图限定了空间复杂度、项目范围和社会使用

地貌的干预改变了传统示意图，扩展了性能并且定义了新的城市特点

未固定的广场可增加空间的复杂性，形成开敞的视野，创造新的室外空间

战略性地分配景观类型，最大限度地提高社会使用率、灵活性和景观表现力

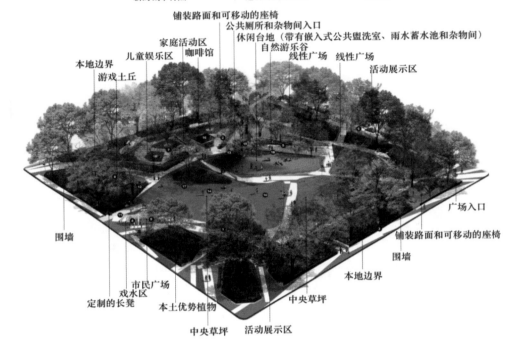

图 6-3　场地规划功能与景观形式关系示意（asla.org）

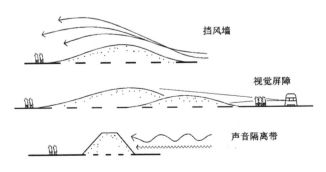

图 6-4　场地规划环保示意（参考网络资料绘制）

62

（3）场地不可视部分。场地中看不见的部分，包括地面以下的土壤材料、地质结构及管线设施等各种不同的建造元素。设施的安装可能需要进入检修井和其他埋入的设施。当设施需放置在地下一定深度时，地下的建造会涉及大量的挖掘，而且地面可能需要进行额外的回填。这时，注意确保地面的完整性，尤其是铺地、路边石、种植器、矮的墙壁及其他小型建筑场。保持场地活力的地下工程是植物养育。通常包括需要考虑灌溉和大面积的根系生长。重要的规划问题是树木、大型灌木及灌溉的布置，包括位置和间距（见图 6-5）。

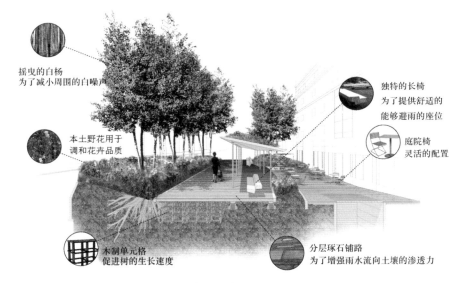

图 6-5　场地规划示意（adams-masoud.com）

场地地表是一共享空间，有建筑物、道路、植物和空地等的总体布置，场地地下也是共享空间，由树木的根系、埋设的管线、建筑基础和各种不同的可能元素组合在一起。地下空间需要与地表空间一样规划。而且，地表和地下空间是直接相连的，编制的规划成果应使地上地下形成一个有机整体（见图 6-6）。

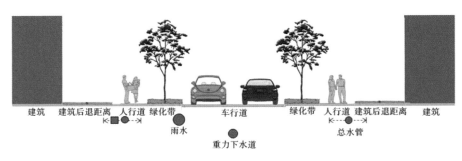

图 6-6　绿化带、人行道和地下设施的关系示意

3. 场地设计

对地面的等高线形式的总体塑造是场地构建的重要内容之一。当然，地表包括被设施占据的部分、空地、道路及植物等。一般情况下，也许尽可能多地保持场地的原始风貌才是理想的。但场地景观开发时多少都会涉及改造地形，其基本过程就是挖方和填方。

（1）土方平衡。挖方是对地表现状局部的移除，填方是将地表抬高，结果就是对地表基本重建，包含改造前后的场地对比。根据现有条件和公园景观设计目标，进行场地设计，基本原则是平衡挖填方，从而将需要从场地移走的或者运入场地的土方量减到最少（见图 6-7 ～图 6-9）。

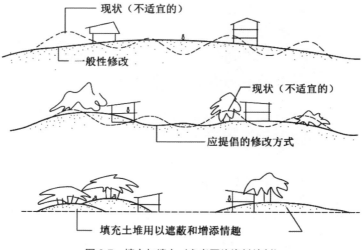

图 6-7　挖方与填方（参考网络资料绘制）

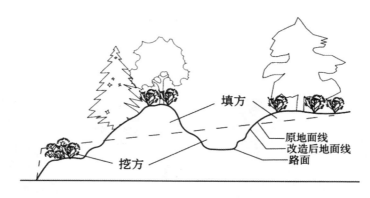

图 6-8　土方就地平衡处理（参考网络资料绘制）

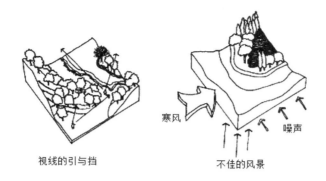

视线的引与挡　　　　　　不佳的风景　　噪声　寒风

图 6-9　运用地形、植物等元素处理景观及环境（参考网络资料绘制）

（2）景观拓展。许多场地在形式上是与邻近的用地连续的，从而创造了一个更大的"场地"或者某种真正意义上的宏观场地。开发小公园应与邻近用地建立联系，从而使场地融入一个更大景观的总体结构中。这时，单个公园变成了景观要素，通过地图轮廓线和合理的描述使人感知它的真实存在。

（3）场地道路平整。调查显示，大多数人要求行走地面平坦无障碍。因此，小公园设计要求场地道路平整、防滑，尤其是动态活动空间内地面必须平坦，可采用预制砌块路面、石材和砖砌铺装，也可沥青或混凝土现浇地面等。

6.2　竖向设计

1. 地形控制

地形会影响人们视线移动。人们的视线总是会沿着山谷向上，而在山脊处则会被牵引向下，地形影响了景观能否与自然和谐共存，形成统一的整体。

（1）土壤实体。地形的形式，能导致众多的建造问题。场地本身由土壤组成，包括土壤表层和地表下层。把场地作为一个可建造的实体来创建，即对场地的土壤进行全面的操作。土壤显著地影响着建筑基础设计、铺地设计、景观设计以及总体的场地开发（见图 6-10）。

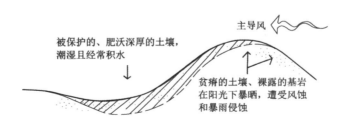

主导风

被保护的、肥沃深厚的土壤，
潮湿且经常积水
↓

贫瘠的土壤、裸露的基岩
在阳光下暴晒，遭受风蚀
和暴雨侵蚀

图 6-10　地形的限制性和可能性（参考网络资料绘制）

（2）地表腐蚀。土壤除了为植物、建筑等各种要素提供支撑或者作为载体之外，还用于景观整体形式的直接建造。这需要了解土壤的结构特性和局限性，重点关注斜坡控制。场地开发和设施建造通常需要对倾斜的地表进行处理，涉及地表可能实行的最小坡度、最大坡度和斜坡的稳定性问题，这与土壤材料有密切关系。

由于过度降水或者灌溉导致的倾斜表面侵蚀。

在下坡的方向土壤一次总体移动的可能性。

当试图减小坡度时，一方面要考虑会有大量的土壤需要移出，另一方面要考虑坡度控制倾斜角的极限主要由现有的土壤条件决定。因为土壤表面的浸泡，以及一些相对松散的土壤的出现，经常会产生侵蚀或者滑移，从而导致斜坡的损失（见图 6-11）。

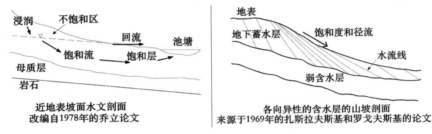

图 6-11　斜坡的土壤与水侵蚀（blogs.agu.org/terracentral）

（3）地表保护。地表斜坡及排水问题，会影响植物种植、灌溉、总体场地的等高线、铺地以及场地和建筑物的建造。斜坡可以通过植物种植或者各种不同的铺筑材料覆盖来保护地表防止侵蚀。坡地上种植的树木往往生长不良，主要是由于环境干燥，植物根系不能在水分流失之前将水锁在土壤中。浅洼地有助于留住水分，种植地块的边缘下坡处抬高，堆出土丘，制造洼地贮存水分，植物落叶等可积存在洼地中待腐烂制肥（见图 6-12）。斜坡或地表高程的突变，可以通过设置挡土设施等方法来维持或创建（见图 6-13）。

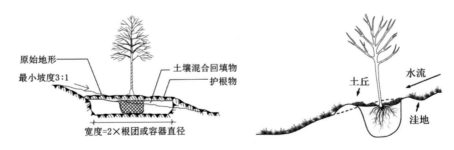

图 6-12　斜坡种植（montgomeryplanning.org，walterreeves.com）

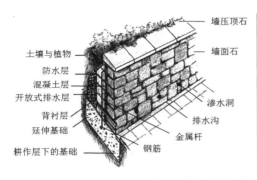

图 6-13 挡土墙结构示意和简易挡土墙（a2.att.hudong.com）

（4）动态技术。控制地形是场地设计的一个重要技术问题。场地是动态发展的，周而复始的季节变化、干旱和降水的周期、人的活动以及景观的稳定生长和衰退变化等，都影响着场地变化。

地形塑造是通过模拟自然地形的规律，加工出面积较小、幅度适宜的地形的过程。一般要利于排水、平衡土方、造型优美、起伏曲折，以符合自然特征，形成景观层次，加强艺术性，改善生态环境。常见曲线型微地形和直线型微地形，是采用柔和、流畅的曲线或直线，加工出自然的或抽象的景观地形（见图 6-14、图 6-15）。

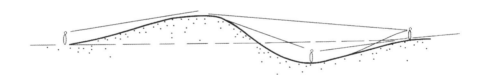

图 6-14 隆起或凹陷对视觉空间的限制（参考网络资料绘制）

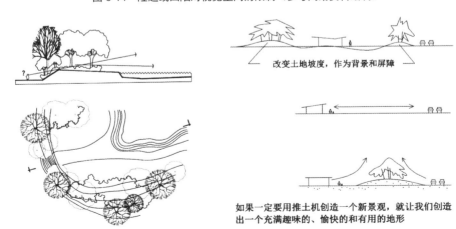

图 6-15 地形高差对视线的引导（参考网络资料绘制）

2. 场地排水

地表排水是场地竖向设计中需要处理的主要问题。在一些情况下，排水只与地表的地形有关，但其他影响排水的情况也要考虑。

需要保护地表材料避免腐蚀（主要是坡地植物种植区域的土壤）。

场地建造要避免水的影响：饱和的土壤压力、防止水土流失及其他。

明确排水的处理方式：收集、沟渠引导、输送到排水系统及其他。

保护邻近地产避免由于场地条件的变化引起的流水冲击。

（1）影响因素。由于水的基本运动是因重力作用而流动，因此，前期调查中应评价排水的主要影响因素包括：根据地方性的天气历史记录、最大的降水比率的排水模式（水实际上流向哪里）、雨水流量、水流速度、地表土壤、铺筑地面等的排水情况。

（2）地表径流。降雨及冰雪融水在重力作用下沿地表或地下流动形成径流。地表径流又分坡面流和河槽流，公园的竖向设计中这两种都会涉及。地表径流与地表材料和坡度有直接关系。径流系数是指一定汇水面积内地面径流水量与降雨量的比值。径流系数越大，说明地面径流水量越多。由表 6-1 可知地表越光滑，径流量越大；地面坡度越大，径流量越大（见表 6-1）。

表 6-1　　　　径流系数（参考《室外排水设计规范 2016》表 2-2-2-1）

地面种类	径流系数	地面种类	径流系数
各种屋面、混凝土或沥青路面	0.85～0.95	干砌砖石或碎石路面	0.35～0.40
大块石铺筑路面或沥青表面、各种碎石路面	0.55～0.65	非铺筑土路面	0.25～0.35
级配碎石路面	0.40～0.50	公园或绿地	0.10～0.20

依据我国新修订的《室外排水设计规范》推进海绵城市建设的精神，应坚持竖向设计确保场地改建后的径流量不超过原有径流量。小公园中尽量采取的综合措施包括建设下凹式绿地，设置植草沟、渗透池等，园路、活动场地宜采用渗透性铺筑材料，促进雨水下渗，达到综合利用雨水资源的目的，又不增加径流量。

（3）暴雨应对。通常排水设计的难题是应对暴雨。雨水会从任何较平坦的地表流走。强烈的集中降水能冲毁地面的材料或其他元素。因此，排水设计的重点是保住那些覆盖地面的土壤和植物种植。建议地面横坡最小取值 0.5%～1.0%，同时，运用人工合成的结构或者使用其他的方法改进场地的土壤内部结构，以便保护脆弱的地表，直到植物很好地扎根于土壤中。土壤结构在排水控制或者一般的管理中通常起着一定的作用（见图 6-16）。

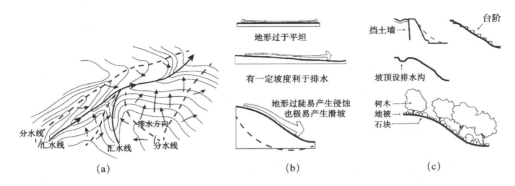

图 6-16　地形与地表排水（参考网络资料绘制）

(a) 地形与自然排水；(b) 地形与排水的关系；(c) 地形处理的例子

（4）坡度设计。园路横坡一般采用倾向路边石的直线斜坡，在决定坡度时既要考虑满足排水需要，又要便于人行。可根据铺筑材料及降水强度选择，建议极限值 1.5% ～ 3.0%，并且用坚固的材料镶边可以减少水土流失。园路纵坡可平坦或有起伏，平坦路面坡度要满足排水要求，建议最小取值 0.3% ～ 0.5%（见图 6-17）。

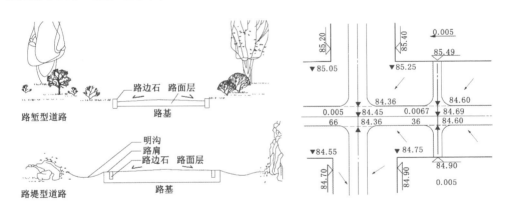

图 6-17　道路横坡排水与纵坡排水（soujianzhu.cn）

铺装场地要组织好排水，明确排水方向。借鉴道路排水坡度设计，地面至少满足最小排水坡度，一般最小纵坡取值 0.3% ～ 0.5%，大型的铺筑地面区域通常有大面积的排水要进入一个暴雨排水系统。小公园中一般场地较小，排水如果不能直接进入管道排水系统，可以被倾泻在临近的园路之上。一定要分析这种情况，明确对道路的各种影响。

另外，铺地也能被当作排水收集器或者引流使用。场地边界可设路边石和排水沟引导排水，或直接由场地组织排水引入周边的绿地中。例如一场小雨的雨水或者融化的雪都可以排入赤裸的土壤或者绿地中（见图 6-18，表 6-2、表 6-3）。

图 6-18   广州侨鑫国际中心种植池及排水沟（szzjwx.com）

表 6-2 道路场地坡度建议（最小坡度为排水坡度）   单位：%

地表类型	极限坡度	常用坡度	地表类型	极限坡度	常用坡度
主路	0.3～8.0	1.0～5.0	运动场	0.5～2.0	0.2～0.5
次路	0.5～8.0	1.0～4.0	游戏场地	0.2～5.0	0.3～2.5
服务车道	0.5～8.0	1.0～5.0	密实性地面和广场	0.3～3.0	0.5～1.0
边道	0.5～8.0	1.0～8.0	运动草地	0.5～2.0	1.0
入口道路	0.5～8.0	1.0～4.0	草地	0.5～3.0	1.0～3.0
步行坡道	0.2～8.0	≤ 8.0	栽植地表	0.5～10	0.5-5
停车坡道	0.2～20	≤ 15	铺草坡面	3.0～30	≤ 25
台阶	25～50	33～50	种植坡面	3.0～50	≤ 50
无障碍通道	0.2～3.5		杂用场地	0.2	0.3～3.0
停车场	0.2～1.0	0.2～0.5	一般场地	0.2	0.2

注：1. 铺草与种植坡面的坡度取决于土壤类型；需要修整的草地，以 25% 的坡度为好。
2. 当表面材料滞水能力较差时，坡度的下限可酌情下降。
3. 最大坡度还应考虑当地的气候条件，较寒冷的地区、雨雪较多的地区，坡度上限应相应地降低。
4. 广场可根据其形状、大小、地形，设计成单面坡、双面坡或多面坡，一般平坦地区广场最大坡度不大于 1%，最小坡度大于 0.3%。
5. 参考《公园设计规范》《城市居住区规划设计规范（2006）》《方便残疾人使用的城市道路和建筑物设计规范》等相关标准。

表 6-3 铺筑材料地面最小纵坡

地面类型	最小纵坡（%）	地面类型	最小纵坡（%）
水泥混凝土路面	0.3	半整齐或不整齐石块路面	0.5
沥青混凝土路面	0.3	碎石、砾石等粒料路面	0.5
其他黑色路面	0.3	结合料稳定土壤路面	0.5
整齐的石块路面	0.4	级配砂土路面	0.5

3. 铺筑材料

小公园中的铺地具有多种功能。首先，可以限定活动空间，承载活动设施。其次，铺地是景观空间构成要素之一，铺地的图案、材质、纹理、色彩均能装饰公园，彰显公园特色，良好的铺地景观设计是对材料的形态、质感、色彩等的巧妙运用，使人们赏心悦目。铺地还利于地表排水、保护周边的植物生长。

铺地设计应以安全、舒适、美观、经济、环保为原则，适当融入传统文化、地域特色及时代精神。应满足使用要求和气候特点，并提倡因地制宜，使用坚实、耐磨、防滑的材料，创造动人的地面景观，表现和加强场地的特性。铺筑材料大致可分为两类：天然材料和人造石材。

（1）天然石料。分为三类：火成岩（花岗石）、沉积岩（石灰石和砂岩）、变质岩（大理石、白云岩、板岩、石英岩、玉石和页岩等）（见图 6-19、图 6-20）。

- 花岗石　非常坚硬耐用，密度很高，耐划痕和耐腐蚀，品种多，色彩丰富，昂贵。典雅或古朴，装饰性强。
- 石灰石　由方解石和沉积物组成，质地细腻，切割方便；颜色较少，深灰、蓝灰、淡灰、米色和橙色都较易得到；色泽比花岗石均一，对酸雨很敏感。

图 6-19　花岗石铺地（photophoto.cn），石灰石铺地（global.rakuten.com）

- 砂岩　由松散的石英砂颗粒组成，质地粗糙，品种多。
- 大理石　石灰石的衍生物，可抛光打磨，易被划伤或腐蚀，分布广，种类多。

图 6-20　砂岩铺地（shop.jc001.cn），大理石铺地（zyy66.com）

- **板岩** 沿解理方向可以剥成薄片。板岩的颜色随其所含有的杂质不同而变。
- **砂石** 地质学上,把粒径为 0.074 ～ 2mm 的矿物或岩石颗粒称为砂,粒径大于 2mm 的称为砾,即碎小的石块。砂石指砂粒和碎石的松散混合物,有良好的硬度和稳定的化学性质,常常作为优质的建筑材料、混凝土原料而广泛应用。
- **鹅卵石** 开采黄砂的副产品,颜色主要有灰色、青色、暗红三大色系,被广泛应用于建筑、铺地、盆景填充材料等。表现出古典、优雅,返璞归真的艺术风格。

(2)木材。具有可再生、灵活轻盈、富于弹性和质朴天然等特质。木质铺地给人以柔和、亲切、舒适的感觉。与坚硬的石材相比,优势更加明显。常见木质的平台、栈道、踏步、小桥。木材透气和点支撑的基础可适应较复杂的基地条件。对木材进行工艺和艺术上的再加工处理,使其可以经受长久的风吹日晒和雨淋侵蚀(见图 6-21、图 6-22)。

图 6-21　北京马甸玫瑰园木栈道

图 6-22　某公园小木桥(image.baidu.com)

(3)人造石。又称"人造大理石",用非天然的混合物制成的,如树脂、水泥、玻璃珠、铝石粉等加碎石黏合剂。使用广泛。

(4)合成材料。

- **混凝土** 能铺筑承受繁重交通的道路或步行道。水泥混凝土地面的优势是其整体性好,耐压强度高,易铺装,经久耐用,养护简单。为了景观美的要求,可选用彩色混凝土。
- **彩色沥青混凝土** 由脱色沥青与各种颜色石料、色料和添加剂等在特定的温度下混合而成。其高温稳定性、抗水损坏性及耐久性均非常好,弹性、柔性良好、防滑、吸音、环保,适合散步、跑步锻炼。适合小公园道路、广场等铺筑(见图 6-23)。
- **斩假石** 又名剁斧石。将掺入石屑及石粉的水泥砂浆,硬化后用斩凿方法使成为有纹路的石面样式,形成的凹凸刀纹,很像天然石料。如果掺入不同的颜料,就可以仿制成花岗石、玄武石、白云石和青条石等多种斩假石,达到美化效果。为方便使用,可以预制。经济、实用、样式灵活,防滑,适于地面铺筑。

- **胶黏石**　又名胶筑彩石、胶筑透水混凝土。是透气、防滑、无污染、会呼吸的生态铺筑材料。色彩自然、典雅大方、环保经济。适用于透水性景观路、公园广场等处（见图6-24）。

图6-23　Pocket Park - 49th St 彩色沥青活动场地（a.scpr.org）　　图6-24　北京马甸玫瑰园胶粘石

- **广场砖**　仿天然花岗岩石或紫砂岩石，花纹肌理自然，质感古朴厚实，综合物理性能卓越。色彩简单，体积小，多采用凹凸面，防滑、耐磨、修补方便。广泛用于景观铺地。
- **透水砖**　又名荷兰砖。经不断研发，透水砖更新换代，出现多种类型，如彩石复合混凝土透水砖、生态砂基透水砖、自洁式透水砖等。透水、透气性良好，补充土壤水和地下水，保持土壤湿度，改善地面植物和土壤微生物的生存条件。调节地表局部空间的温湿度，防滑，吸噪声，舒适和安全，减少雨水蓄积和漫流现象。色彩丰富，自然朴实，经济实惠，规格多样。满足市政、景观等大多数路面、场地使用。
- **植草砖**　环保，抗压性强，铺地稳固性好，可预制，规格多样，绿化面积广，踩辗草根不会受到伤害，得到了广泛使用。

优良的砂砾、磨成粉状的树皮或者木条可以用作步行路面材料。这些材料通常需要一些持续的维护才能保护道路表面，但非常实用，更易与公园的自然环境完美地融合，并有更强大的渗水功能，利于公园中的场地保水，利于植物生长，生态环保（见图6-25、图6-26）。

图 6-25　草地铺筑的活动场地（alltravels.com）

图 6-26　克拉根福小公园中的儿童游戏场用沙和防滑垫铺装

7 设施配置

小公园中的设施按照功能可归纳为两类：活动设施和环境设施。小公园由于受到用地较小的限制，不宜引进大型活动设施。活动设施应精巧、亲切，有趣味，尺度合宜，适宜游人日常休闲使用。小公园中的环境设施可以按照园林要素进行分类即分为建筑、水体、植物、座椅及其他设施。分别从功能、形式及布置来认识。

7.1 活动设施

1. 儿童游具

儿童游具分类方式有很多，常见从概念、材料、风格和活动方式上分，这些分类难以明确地让人了解使用游具游戏的效果（见表 7-1）。

表 7-1　　　　　　　　　　　　儿童游戏场常见分类

依　　据	内　　　　容
按概念分	巨大游具、社会游具、循环游具系统、科学游具、自然发现游具、领域游具、景观游具
按材料分	木质、金属、塑料、砖石混凝土、胶贴、水泥、电缆卷盘和铁路枕木游具等
按风格分	童话型、科幻型、古典型、现代型、一般型
按形式分	滑（梯）、转（马）、摇（椅）、荡（船）、钻（洞）、爬（梯）、起落（秋千）、吊（吊环）等
按动静分	固定式游具、可活动式游具

从游具功能和游戏目的角度进行分类，更有助于提高儿童游戏的兴趣和游戏水平。从开发智力、锻炼身体等方面出发对游具分类更具有时代特色（见表 7-2）。

表 7-2　　　　　　　　　　小公园中儿童游戏场分类建议

项　　目	功　　能	内　　　容
智力型	发展智力，寓教于乐	童话模具、科幻模具等
体力型	锻炼身体，增强反应力	攀登架、平衡木等
组合型	智力培养，强身健体	滑梯、多种游具连接体
冒险性	满足冒险心理	索桥、疯狂老鼠等

在儿童游戏场环境中，除了"游具"外还应有环境设施，如水体、草坪、沙场、小品和生活设施等，它们都是游戏场的有机组成部分（见表 7-3）。

表 7-3　　　　　　　　　　　游戏场环境设施

项　　目	功　　能	内　　　容
水体	戏水、观赏水景、调节小气候	喷水池、涉水池、洗手池等
草坪	跑步等激烈运动、游戏、休息	游戏和休息等
沙场	游戏、娱乐	沙坑或与游具结合使用等
其他	观赏、使用	雕塑、桌椅、休息亭架、宣传牌、卫生箱等

（1）智力型。以儿童智力发展为出发点，通过游戏活动来培养儿童认识事物、学习知识的兴趣，寓教于乐。例如，具有现代风格的科学游具，儿童可以钻、爬、思考，既有活动的乐趣，又可以认识和理解游具设计中融入的科学知识。智力型游具可以分为以下几种。

- 知识型　在智力型游具设计中，把某些浅显易懂的科学文化知识融入其中，使儿童在活动过程中逐步地掌握（见图7-1～图7-3）。
- 幻想型　游具设计要激发儿童的想象力。例如，具有科幻色彩的飞机、童话世界等，使儿童进入角色，进入逼真的情境，展开丰富的想象力（见图7-4）。

图 7-1　莫比乌斯带：沿梯子攀爬，体验莫比乌斯带的趣味性与科学性

图 7-2　滤光镜：黄、绿、红、蓝4块滤光镜，感受滤光镜带来的颜色变化效果
（www.kpjd.org.cn）

图 7-3　克莱因瓶（Klein Bottle）：沿着没有边缘的闭合曲面，
不用穿越瓶身就可进入瓶内（jnyl.org.cn）

图 7-4　飞船游具（playlsi.com/en/playground-planning-tools）

（2）体力型。从锻炼儿童身体的能力、动作技巧为出发点来设计游具，使儿童通过体力训练达到强身健体的效果。这类游具很多，如常见的秋千、攀登架等。体力型游具可分为以下几种。

- 肌肉训练型　如攀登架、吊环等，在利用此类游具活动时，全身肌肉得到较充分的锻炼，经常活动就会使肌肉结实而有力。
- 技巧训练型　例如爬绳，游戏中脑神经高度紧张，随时应变以达到行进中的身体平衡，这一活动不仅增强了脑神经的反应能力、协调能力，也使儿童掌握了平衡技巧（见图 7-5）。

图 7-5 攀爬设施（images.adsttc.com）

（3）组合型。当今儿童活动空间中，智力、体力结合型游具的使用越来越广泛。组合型游具并不是智力型和体力型游具的简单相加，而需要设计师精心创造，把智力、体力训练的意图有机地结合起来，设计出较复杂的游具系统，使儿童既能增强体力，掌握动作技巧，又可以学到一定的知识。组合型游具分为两类：有机单体和连接体系。

- 有机单体 由两种或两种以上游具个体组合成的有机体。例如，滑梯和攀登架组合设计，将滑梯的台阶踏步设计成爬梯或攀登架，既有攀登和滑行的身体运动，又可以让儿童感觉到不同运动的意义，并使他们认识同样的高度，利用台阶与攀登架消耗的体力不同（见图 7-6）。

图 7-6 有机单体（来源网络）

● 连接体系 把游具个体或有机单体有序连接起来，把活动空间组合为一个整体。每一游具不仅保留了自身的娱乐价值，也成了激发孩子们去玩其他游具的通路，就如同一个神经元，传导兴奋驱动孩子奔向下个游具。孩子们能够尽情地体会到活动空间的乐趣。一个构思巧妙、环环相扣的连接体系，有时是由一般功能性的游具构成的。例如，由台阶—攀登梯—平台—爬绳—平台滑杆—跳台组成的一个体系，儿童活动时，上平台可有两种选择，在平台上可立、走、跑，以溜滑梯结束活动，或可继续前进爬绳上第二层平台。这时可选择顺滑杆下或跳高低平台。总之，活动的关键点是要提供选择活动的机会。一个成功的连接体系往往可以提供由易到难的活动内容，避免孩子们产生畏难情绪，使玩耍行为受到抑制。无论孩子的技能水平如何，连接体系总能提供一些适宜的游具。随着游戏的进程，游戏复杂性随之增加，儿童的活动技能也会逐渐提高（见图 7-7、图 7-8）。

图 7-7　连接体系（来源网络）

图 7-8　Rotary-Park 儿童游戏场（www.reddeer.ca）

　　游具的使用要求安全第一，儿童一般要有年龄限制，而且要有成人的陪伴。有些游具的分类不够明确，我们可以根据其使用的最重要功能而将其归类。其实每个游具的设计会侧重某部分功能，这样才不失游具家族的丰富多彩。

　　（4）冒险型。冒险型游具最突出的特点是惊险和刺激。儿童本身就有爱冒险的心理特点，因此这类游具深受欢迎。大型综合性公园或主题游乐园中常见较大型的电动游具，如疯狂老鼠、高空观览车等，乘上这类游具，在空中起伏翻转前进，令人高度紧张。小公园中应以小型简易惊险、刺激程度中低的游具为宜（见图7-9）。

图7-9　冒险型游具（newbyhall.com）

2. 健身器械

在户外安装固定、供使用者进行健身运动的器械（下列图片来源网络）。

（1）固定式健身器械。

【上肢锻炼】

单杠

规格：2800mm×130mm×2220mm。

功能：增强上肢、背部、肩带肌群力量及柔韧性；改善肩、肘、腕、指关节活动能力。

双杠

规格：2550mm×1110mm×1425mm。

功能：增强上肢、肩带、胸部、腹部及背部肌群的力量和柔韧性，改善协调性和平衡能力。

【下肢锻炼】

压腿器

规格：3190mm×130mm×1125mm。

功能：使大腿背侧肌群得到牵伸，其次使臀部肌群也受到牵拉，预防关节肌腱老化，延缓衰老。

髋部训练器

规格：1370mm×3080mm×1145mm。

功能：使大腿背侧肌群得到牵伸，其次使臀部肌群也受到牵拉，预防关节肌腱老化，延缓衰老。

【腰腹锻炼】

腰背伸背架

规格：865mm×720mm×1220mm。

功能：舒展髋关节，放松腰背部肌肉。发展上肢支撑力量和腰腹肌力量。

双位腹肌板

规格：1630mm×1435mm×564mm。

功能：增强腰腹肌力量与弹性，是瘦身塑形健美形体的必备器。

仰卧起坐板

规格：1560mm×940mm×1050mm。

功能：增强腰腹肌力量和弹性，对消除腹部多余脂肪和赘肉效果明显。

（2）活动式健身器械。

【上肢锻炼】

大转轮

规格：935mm×700mm×1830mm。

功能：增强肩带肌群力量，改善肩关节柔韧性与灵活性，预防治疗肩部疾病。

牵引器

规格：610mm×720mm×2545mm。

功能：拉伸上臂，增强上臂肌肉力量与柔韧度，提高肩部关节灵活度。

肩关节康复器

规格：2550mm×1110mm×1425mm。

功能：增强肩带肌群力量，改善肩关节、肘关节、腕关节柔韧性与灵活性，提高心肺功能。

角力器

规格：1210mm×435mm×1720mm。

功能：增强上肢、背部、肩带肌群力量及韧性；改善肩、肘、腕、指关节活动能力。

【下肢锻炼】

走步机

规格：945mm×450mm×1320mm。

功能：增强心肺功能及下肢、腰部肌肉力量；改善下肢柔韧性和协调能力；提高下肢各关节稳定性。

漫步机

规格：1800mm×470mm×205mm。

功能：增强心肺功能及下肢、腰部肌肉力量；改善下肢柔韧性和协调能力；提高下肢各关节稳定性。

跑步机

规格：1350mm×860mm×1270mm。

功能：锻炼下肢的肌肉力量，增强心肺功能。

四位蹬力器

规格：2460mm×2320mm×2260mm。

功能：增强下肢力量，提高下肢三大关节的稳定性。对下肢屈伸障碍，肌肉萎缩，风湿性关节炎，坐骨神经痛、踝关节扭伤等有治疗和康复作用。

【腰腹锻炼】

三位转腰器

规格：ϕ129mm×129mm×12mm。

功能：增强腰腹肌肉力量，改善腰椎和髋关节柔韧性和灵活性，利于形体健美。

转腰器

规格：1600mm×535mm×1275mm。

功能：增强腰腹肌肉力量，改善腰椎及髋关节柔韧性、灵活性，利于健美体形。

立式转腰器

规格：1490mm×380mm×2380mm。

功能：增强腰腹肌肉力量，改善腰椎及髋关节柔韧性、灵活性，利于健美体形。

腰背按摩器

规格：1020mm×785mm×1390mm。

功能：放松背、腰部肌肉，消除疲劳，调节神经系统，达到保健、康复目的。

【全身锻炼】

伸展器

规格：ϕ129mm×129mm×12mm。

功能：锻炼手、脚及身体各关节，促进运动能力和勇敢精神。

健骑机

规格：990mm×550mm×125mm。

功能：增强心肺功能，提高上肢、腰腹、腿、背部肌肉力量和四肢协调能力。

椭圆机

规格：1030mm×480mm×1485mm。

功能：增强上肢、下肢、腰部肌肉力量；提高心肺功能；改善四肢协调能力。

倒立架

规格：1105mm×790mm×1710mm。

功能：松弛脊柱，拉长椎间盘，扩张胸廓，柔软关节，放松全身肌肉，促进血液循环。

（3）健身器械布置。根据人体运动规律和器械功能，结合空间特点，将健身器械进行排布，按照顺序逐一完成，即形成一套科学的运动组合。

• 线性排列　能够充分利用狭长空间，但交流不便（见图7-10～图7-12）。

图 7-10　健身器械的线性排列（来源网络）

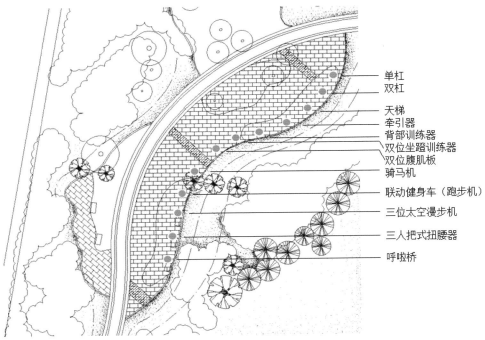

单杠
双杠

天梯
牵引器
背部训练器
双位坐蹬训练器
双位腹肌板
骑马机

联动健身车（跑步机）

三位太空漫步机

三人把式扭腰器

呼啦桥

图 7-11 金源娱乐园健身器械布置现状

　　健身器械按功能直线型排列：上肢、上肢和肩臂、上肢和背部、肩部、背部和腰部、腰部和腹部、下肢和腿部。结合场地调研发现存在以下问题：器械种类单一，部分健身器械使用率不高，针对儿童、青少年及部分中年群体的健身器械数量少且不能达到锻炼效果。

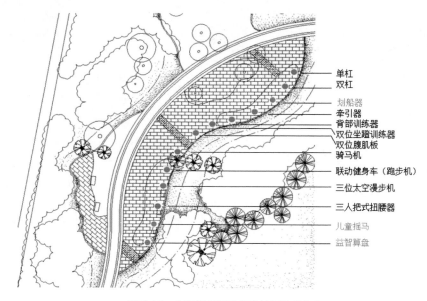

単杠
双杠
划船器
牵引器
背部训练器
双位坐蹲训练器
双位腹肌板
骑马机
联动健身车（跑步机）
三位太空漫步机
三人把式扭腰器
儿童摇马
益智算盘

图 7-12　金源娱乐园健身器材调整后方案

　　改善建议：保留部分使用率较高的低强度器械，适合场地主体人群——老年人健身使用，去除使用率最低的健身器械；增加两款适合儿童使用的器械，根据使用需求将场地器械按照有氧型、力量型、康复型、儿童器械 2：2：1：1 的比例配置。

- 迂回式布置　在较方正的空间中迂回排列健身器械，锻炼有序，利于交流（见图 7-13、图 7-14）。

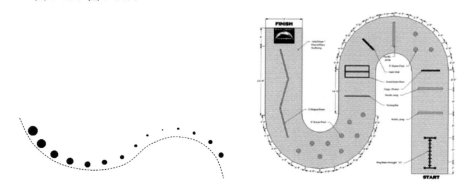

图 7-13　健身器械排列平面图（http：//pdplay.com/product/castle-park-middle-school/）

图 7-14 健身器械排列的起点和终点（pdplay.com，playgroundprofessionals.com）

- **港湾式串联** 沿小公园活动区园路将健身场地一个个串联，形如港湾。可配置植物、座椅、景观小品等，增添场地的趣味性、舒适性和游赏性（见图 7-15）。

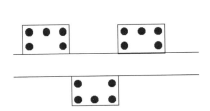

图 7-15 健身器械港湾式串联布置（参考网络图片绘制）

- **组团式布置** 可根据活动人群的组合来划分，依据现状调查中对于使用者分析可知，一同前往健身场地的人群组合模式有：父母－儿童组合、爷－孙组合和朋友组合（见图 7-16）。

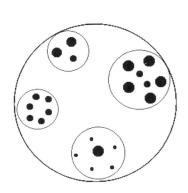

图 7-16 健身器械组团式布置（参考网络图片绘制）

- **分组式布置** 健身器械应符合各年龄段人群的尺度要求，并按年龄特征、结合植物配植和空间结构进行分组配置。注重健身器械因人而异：老年人健身器械主要以康复和休闲为主，青少年健身器械和场地以体能型为主，儿童健身器械以游乐和休闲为主（见图7-17）。

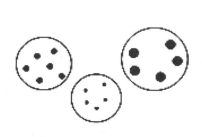

图 7-17　健身器械分组式布置（参考网络图片绘制）

3. 其他设施

（1）球类运动场地。为满足人们的实际生活需求，小公园中可适当建设球类运动场地，将球类运动与绿色景观环境融为一体，引导人们投入积极的健身活动。公园球场设计和建设遵循"因地制宜、以人为本、回归自然"的原则，建设具有时代性的生态型和人性化的空间环境。可适当设置篮球场、网球场、羽毛球场、乒乓球场和门球场等，辅以健身跑道。在绿色中创造有趣味的、环境优美的活动区，使人们能在有地被植物的绿色空间中健康活动（见图7-18、图7-19）。

图 7-18　乒乓球场（tujiajia.cn），网球场（whitehousemuseum.org/grounds）

图 7-19 半个篮球场（leulymedia.s3.amazonaws.com），门球场（http：//pic7.huitu.com）

表 7-4 　　　　　　　　　　　　　　球类运动项目面积指标

项目	长度（m）	宽度（m）	边线缓冲距离（m）	端线缓冲距离（m）	缓冲距离（m）	场地面积（m²）
标准篮球场地	28.00	15.00	1.50～5.00	1.50～2.50	—	560～730
三人制篮球场地	14.00	15.00	1.50～5.00	1.50～2.50	—	310～410
标准排球场地	18.00	9.00	1.50～2.00	3.00～6.00	—	290～390
门球场地	20.00～25.00	15.00～25.00	—	—	1.00	380～730
网球场地	23.77	10.97	2.50～4.00	5.00～6.00	—	540～680
乒乓球场地	10.00～13.00	5.50～9.50	—	—	—	40～85
羽毛球场地	13.4	15.00	1.50～2.00	1.50～2.00	—	150～175

（2）其他运动场地。

图 7-20 健身跑道（pic75.nipic.com）、轮滑场（img1.8095114.com）

表 7-5 　　　　　　　　　　　　　　跑道与步行道面积指标

长度（m）	场地面积（m²）
60～100	300～1000
100～200	500～2000
200～400	1000～4000

表 7-6　　　　　　　　　　　　　　轮滑和溜冰项目面积指标

项目	长度（m）	宽度（m）	护栏外缓冲距离（m）	场地面积（m²）
轮滑场 / 滑冰场	28	15	1～2	510～610

7.2　环境设施

1. 建筑

　　小公园中的建筑功能可供人休息、活动，美化环境、丰富园趣，进行小型展览等。一般数量少、精巧、轻盈，造型活泼别致、简洁明快，细节装饰朴实新颖、富有特色，并讲究适得其所，使游人得到美的感受。建筑类型常见亭、廊架、茶室、咖啡屋、小卖、展览室等。

　　（1）亭。可以休息、纳凉，常建于高起的地形之上、居中于广场上或依附在场地边缘，或漂浮在水畔。亭形式多样，玲珑美丽、变化丰富，常与其他建筑、山水、植物等元素相结合，位置、形式、大小和材料都应因地制宜，力求有助于形成优美的建筑景观（见图 7-21、图 7-22）。

图 7-21　计算机设计的仿生建筑——基于海胆骨架形态的生物学原理，体现结构和美学
（fpintell.fpinnovations）

图 7-22 临时展览的充气结构的亭，设计理念：和平，表达和谐，沉默，纯洁，善良，幸福，绥靖，平静，和解和惊喜。数字化设计制造的完美的流动性和对称性，拉伸 PVC 膜，双曲面，高 4m（divisare.com）

（2）廊。可以独立而建或与其他的建筑相连。廊不仅具有遮风避雨和交通联系的实际功能，而且还是公园景观连续展开的组织者。平地、水边、山坡等不同的地段上都可以建廊，沿场地边缘和道路布置，可代替墙，丰富围墙景观。一般平面形状比较简单，常作为前后左右空间联系和空间分隔的一种重要元素，并可以创造虚实相生的建筑意境（见图 7-23）。

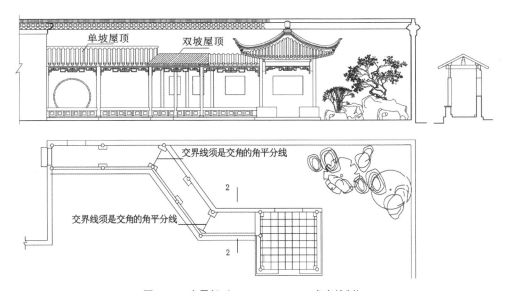

图 7-23 廊局部（blog.sina.com.cn 参考绘制）

（3）花架。一般结合攀缘植物而建，消夏避暑。花架既可像廊一样分隔空间，组织游览路线，也可形成观景点，组织并观赏周围的环境景观。花架在绿色植物攀爬装饰下更富生机力。花架造型简单灵活，常见双排柱、单排柱式、单柱式花架或与建筑结合等多种形式（见图 7-24、图 7-25）。

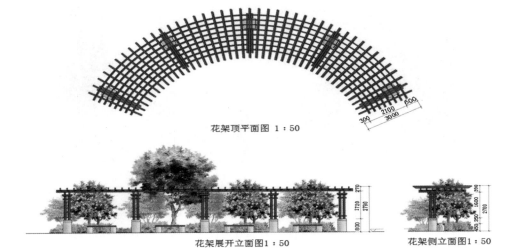

花架顶平面图 1：50

花架展开立面图1：50　　　　　　　　　　花架侧立面图1：50

图 7-24　花架设计示意图（pic30.nipic.com 参考绘制）

图 7-25　厦门滨湖南路旁小公园内设施

总之，建筑的布置要与自然环境融合，对景观有画龙点睛之妙，使用方便宜人。建筑以其自身的特点如造型、色彩、高度等在景观中常常成为构图中心，建筑是景点，同时还是较好的观景点，位于建筑中的人可以观赏周边的景物，因此，建筑朝向、门窗位置大小要考虑赏景的要求。建筑的布置要利于组织游览路线，引导视线，起承转合，当人们的视线触及优美的建筑时，游览路线会自然延伸，从而巧妙地连接其他景观及空间系列，趣味无限。

2. 水体

仁者乐山，智者乐水，水乃活物。水在中外古典园林中是常见的造园要素之一，现代园林中的水更是扮演着重要的角色。水体功能繁多，不仅具有良好的生态效应，能调节环境温湿度，还具有物理效应，水珠与空气分子撞击能产生大量的负氧离子；水不仅能养殖鱼类、栽种荷花等，为园林增添无限的生机与情趣，还能组织空间、协调景观变化。

在小公园设计中，如果基地有水体，应尽量保留并加以充分利用。如果没有，可适当布置人工水体，但应因地制宜，不宜过大，宜浅不宜深，尤其在水资源缺乏的地区，可采用旱溪等形式，提倡节水设计。水体的形式丰富多样，依据动静、大小和载体可有不同的分类。

（1）静态水体。宁静、平和，并能映射天空和周围的景物，使景物变一为二，上下交映，虚实相生，增加景深，扩大空间感。微风送拂时，动静相随，细细的涟漪中倒影摇曳，产生一种朦胧美。若遇大风，水面掀起波澜，倒影异形。水上设置堤、桥等能划分水面，增加水面的层次与景深，并能增添园林的景致与趣味（见图 7-26 ～图 7-28）。

图 7-26　美国亚里桑纳中心庭院水池（来源网络）

图 7-27 花园小水池（pavingideas.co.uk）

图 7-28 某公园自然式水景（upload.wikimedia.org）

（2）动态水体。小公园中的动态水体设计形式可归纳为喷泉、浅水渠、溪流、小瀑布、跌水等。动态水携带大量的氧进入的水体深处，给水中的动植物和微生物提供良好的生长条件；飞溅的水花增加了空气湿度，带走了空气中的灰尘，使空气更清洁。

瀑布、溪水、喷泉等激起的水花是空气负离子来源之一。因为运动时的水滴会破碎失去电子被周围空气捕获而成为负离子，负离子不断积累，浓度增加，从而使空气更新鲜。世界卫生组织（WHO）规定，清新空气负离子的标准浓度为不低于 1000~1500 个 /cm³。空气负离子浓度与湿度呈正相关，并随距水体边缘的距离增大而迅速降低，以水体为中心的半径 0~1.5m 处为高浓度范围。空气中负离子还来源于地面的放射性岩石，太阳的紫外线，植物光合作用所制造的新鲜空气等[16]。

动态水体可设计成偏规则型或偏自然型。矩形、正方形、六边形、圆形、半圆形等简洁的几何形水池结合雕塑或喷泉的设计，使水体形成立体的活跃的规则式或近规则式的动态景观；喷泉水池中，池水局部平静如镜，喷水落下处激起涟漪，动与静融汇共生（见图 7-29 ～图 7-31）。

图 7-29　水池喷泉草地组合（commons.wikimedia.org）

图 7-30　澳大利亚 Wynnum Kids Water Park 和 Playground（brisbanekids.com.au）

图 7-31　美国达拉斯（Arboretum）The Rory Meyers Children's Adventure Garden 喷泉广场（thedallassocials.com）

利用自然地形高差，因势利导形成瀑布、跌水、溪流等自然式的动态水景。人造瀑布常模拟自然瀑布，以山体上的山石、树木组成浓郁的背景，上游积聚的水漫至落水口而直下。落水口也称瀑布口，其光滑度和形状直接影响瀑布形态。流水量是瀑布设计的关键，人造瀑布多用水泵循环供水（见图 7-32、图 7-33）。一般经验：高 2m 的瀑布，每米宽度流量约为 0.5m³/min 较合适。瀑身是观赏的主体，落水形成潭，可延伸成小溪。薄瀑布水膜（一般不小于 6mm），可节约用水，又能实现设计意图。（见表 7-7）常见堰口处理如下。

- 用青铜、不锈钢或玻璃材料，增加堰顶蓄水池的水深。
- 堰顶蓄水池采用水管供水，或在出水管口处设挡水板，降低流速。

表 7-7　　　　　　　　　　　　　瀑布用水量估算

瀑布落水高度（m）	0.30	0.90	1.50	2.10	3.00	4.50	7.50	>7.50
堰顶水深（mm）	6	9	13	16	19	22	25	32
用水量（L/s）	3	4	5	6	7	8	10	12

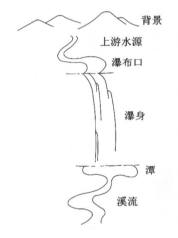

图 7-32　瀑布模式（image.baidu.com 参考绘制）

图 7-33　小型人造瀑布（gotsplash.com）

跌水，指突然下降的水流，在水利工程中是一种落差建筑物，属于小水利，在景观设计中，一般要求其结构美观、体型经济。依据水体量可分成单级或多级，一般适合作为中小型动态水景运用。多级跌水属于连续落差建筑物，适用于跌差较大、水平距离较短的工程，注意跌水尾坎上下呼应，使整体结构更具美感（见图 7-34）。

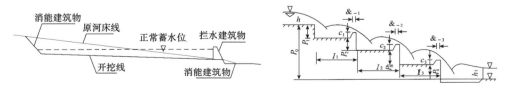

图 7-34　跳水设计原理（高徐军《多级跌水消能在拦河筑湖工程中的应用》参考绘制）

跌水形式：

- 水立面形式　线状、点状、帘状、片状、散落状。
- 落水方式　直落、飞落、叠落、滑落。
- 跌落形式　直接入水式、溅落入水式。

出水口形式：

- 隐蔽式　出水口隐藏在景观环境中，水流呈现自然形状。
- 外露式　出水口突显于景观之外，水流呈人工造型。
- 单点式　水流从单一出口跌落，形成单体跌水。
- 多点式　出水口以多点或阵列的方式布局，形成组合式跌水。

　跌水不仅可视、可听，具有独特的景观效果，还能有效改善周围环境的空气质量。依据上面提到的动态水体产生的空气负离子浓度规律，规划活动场地时，要缩短小跌水和活动空间的距离，增大两者的接触面。风对于活动空间负离子浓度影响明显，微风使动水与空气的接触面增大时，负离子会增多[17]。观水景的道路设计应从安全和观景需要两方面考虑，根据景观条件采取不同方式的铺装。如设置隔水通道、高于水面的汀步、算水阶梯、防腐木路面和高于水面的滨水栈道等。道路铺筑应选用表面粗糙、防滑的材料（见图 7-35 ～图 7-38）。

图 7-35　喷跌结合的水景（themaisonette.net）

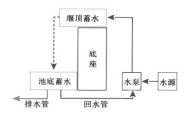

图 7-36　跌水循环示意（来源网络，参考绘制）

97

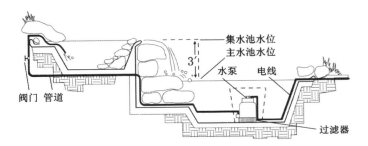

图 7-37　蓄容分上下两个部位：底池蓄水、堰顶蓄水（来源网络，参考绘制）

图 7-38　Simons Center Park 跌水平面图及实景图（landezine.com）

溪流是流动的自然型水体。涓涓细流，因落差或偶尔遇上水中置石，会叮咚作响，水花飞溅，生动有趣，途中曲折迂回，溪水忽隐忽明，自然活泼。人工溪流基本组成元素有河心滩、三角洲、河漫滩，水中有岩石、矶石、植物等。岸边或水中还可设有汀步、亭廊、小桥、栈道、木平台等设施（见图7-39～图7-41，参考网络图片绘制）。

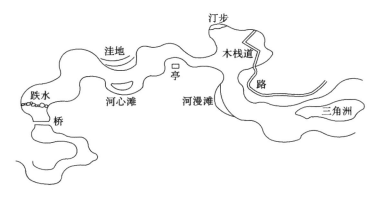

图 7-39　溪流设计示意图（image.baidu.com 参考绘制）

园林之水，贵有源头。正如陈从周先生在《说园》中所说："山贵有脉，水贵有源，脉理贯通，全园生动。"

园林之水，贵在曲折。藏源，引流，集散，开合有致且通过穿插植物、山石、建筑等景观元素丰富水景，避免水面呆板、单调。

园林之水，映景润色。水体具有独特的色彩视觉美。水体可渲染周围环境，还可映借环水而建的建筑色彩、四季变化的花木色彩及周遭气象变化色彩。

园林之水，动则悦耳。园林理水运用一定的手法创造出的悦耳水声，产生听觉美。

图 7-40　水流底部鹅卵石（《园冶》中提到："片石有致，寸石生情"。
若水中石坚硬有棱角且大小不齐，水则跳跃，若水中石小而圆，水流则平稳）

图 7-41　迎石：把气势流转，强调水的流动；泡沫石：遇石产生泡沫；乘越石：水从上面穿越

溪流的池底断面类型主要可分为矩形、梯形、U 线形等。池底断面为矩形和梯形的溪流可以用在可涉入式溪流中。还有三角形断面溪水，一般较深，见不到底（见图 7-42）。

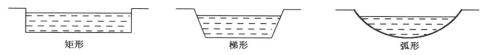

矩形　　　　　　　梯形　　　　　　　弧形

图 7-42　溪流常见池底断面类型

为了增强公园游人活动的参与性，结合戏水的水体设计，应谨慎考虑护岸顶与常水位的高差，兼顾景观、安全、游人近水心理和防止岸体冲刷（见图 7-43）。

图 7-43　自然溪流（wallpaper-nature.com）

（3）人工生态水体。依据生态学原理，对自然环境的补偿纳入水环境设计，合理利用水资源、维持良好的水体环境。水体被天然带有自滤功能的绿植区域环绕，会使水塘更加美丽。

- 在小型生态水体中可饲养观赏鱼虫和水性植物，营造动植物互生互养的生境。
- 在岸边设置栈道和亲水平台，让人们能够获得很好的亲水空间。
- 结合水景设计展示水净化流程，实现一定的科普宣传（见图 7-44）。

图 7-44　某花园中的生态溪流驳岸（upload.wikimedia.org）

常见的水池和生态水体主要区别于池壁或驳岸。公园驳岸应尽量模仿自然界的驳岸形态。目前公园中常用的生态型驳岸如下：

- 坡度较缓的植物驳岸，避免激流的冲刷，只适用于面积较大的水体。
- 块石驳岸和卵石缓坡驳岸，具有防冻、安全、利于动物出行的特点，常在景观中使用。
- 山石驳岸，能减缓水对堤岸冲刷，并能利用植物丰富水体景观，该类型的驳岸多应用于溪流和跌水等景观。
- 覆土石笼驳岸、生态袋驳岸，既满足大坡度要求又能抵抗激流冲刷。

（4）生态游泳池。泳池选址，不仅要考虑使用者的愿望和审美情趣，还要考虑场地的特征：大型植物的位置、土壤类型、风向和斜坡。不建议在落叶树附近建泳池，干季时，其根会伸到水中，可能会损坏游泳池的防水层，此外，落叶污染水体。尽量选择土壤渗水性差的用地，利于防水。

生态游泳池在维护保养方面一般比传统泳池更省钱，不需要更换水，但水平面必须根据需要保持恒定。池底需要清洁，为了不使植物长得太大，要定期进行必要的修剪。水池依靠水生植物相互作用的模式、浮游生物以及水循环作为简单的净化系统来清洁。水池可以是任何形状、尺寸，可附水上景点。注意不同气候区对水池的季节性管理。

生态游泳池一般由四个部分组成（见图 7-45、图 7-46）。

- 过滤区　植物根的纤维结构过滤水中的污垢和过量营养物。
- 再生区　净化区生物群或微生物清洗区。
- 氧饱和区　可以是一条溪流，瀑布或一潭水。

- 水池区 满足游泳需要的面积至少 700sq.ft（约 650m²），其中小型植物至少占据 50%。

图 7-45 生态游泳池（hlivingbyseasons.com/tag）

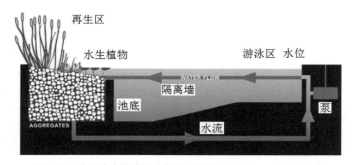

图 7-46 自然生态游泳池水循环示意图（simplepooltips.com）

（5）与水有关的构筑物——桥。桥承载着交通和观赏的功能。桥跨水或浅沟而建，形成水桥或旱桥，桥面空间具有独特的意境。桥的形式与布局为景观变化增添了情趣。桥本身造型就自成一景，桥的设置还增加了水景观的层次，帮助分割空间和组织景观。小公园中的桥形式多样，可直、可曲、可折，一般应轻巧别致，可有简约的平桥、富有动感的拱桥、可小憩的亭桥和廊桥，轻巧的吊桥，返璞归真的独木桥等。材质多为砖石、混凝土、金属、木料等，这些材料本身给人以刚劲、稳重，或轻盈、朴实之感，总体风格应与公园规划相协调（见图 7-47 ～图 7-50）。

图 7-47 苏州狮子林中的曲桥与亭组合
（bbs.zol.com.cn）

图 7-48 日式花园桥（pd4pic.com）

图 7-49 颐和园的玉带桥，小公园中设计模仿要注意体量合宜（tiefengimage.com）

图 7-50 加拿大温尼伯（Winnipeg）Kildonan Park 小桥（encircleworldphotos.photoshelter.com）

汀步具有桥的功能，设置在浅水中，按一定间距布设块石，微露水面，使人跨步通过水体。自然浅溪中常运用这种渡水设施，简易、方便，园林布置汀步，应强调因地制宜，自然有趣。石块可以设计成多种样式，如模仿莲叶形，称为莲步（见图 7-51）。

图 7-51 小水面中的汀步

3. 植物

众所周知，植物对于改善人居环境具有特殊的功能。通过光合作用、蒸腾作用等调节微气候，提高空气质量，缓解城市的热岛效应；合理的植物配植，能为许多动物提供适宜的栖息地和食物资源，有助于提高生物多样性，形成良好的生态环境，并使人们享受自然美（见表7-8）。

表 7-8   景观植物主要功能

主要功能	表现	实例
美化环境	植物形态、色彩、芳香等美的特色随季节及年龄的变化而丰富和发展	春季梢头嫩绿，花团锦簇；夏季绿叶成荫，浓彩覆地；秋季嘉实累累，色香齐俱；冬季白雪挂枝，银装素裹
制氧杀菌	光合作用，分泌杀菌素，芳香性挥发物质使人精神愉悦	每公顷森林每天可消耗1000kg二氧化碳，放出730kg氧气。城市中空气的细菌数比公园绿地中多7倍以上
调温增湿	减弱光照，提高空气湿度	植物主要吸收红橙光和蓝紫光，反射绿光。一株中等大小的杨树，夏季白天每小时可由叶片蒸腾5kg水进入空气中
吸收毒气	植物体能吸收和分解有毒物质	吸收汽车尾气排放的大量二氧化硫、氯气
滞尘降噪	枝叶能阻滞空气中的尘埃并隔音	尘埃包括土壤微粒、含有细菌和其他金属性粉尘、矿物粉尘等；城市生活中噪声如汽车行驶声、空调外机声等

（1）乡土材料的优势。由于乡土植物经历过长时间的地理气候考验，通过自然竞争才得以生存下来，因此更适应当地环境条件。乡土植物能体现地域风情，如椰子树（Cocos nucifera）是南国风光的典型代表，成林的白桦（Betula platyphylla）是东北林区的典型景观。乡土植物的应用容易形成良性的生态循环，这对于维持当地生态系统的平衡和稳定具有重要意义。总之，乡土植物在景观、生态、经济等各方面都具有较强的优势。

（2）植物审美的可视性。小公园中的植物景观仅局限于经济实用功能是不够的，它还必须是美的，令人愉悦的，植物应用力求创造景观的多样性、新颖性和美观性。单株植物有它的形体、色彩、质地和季相变化的个体美；丛植、群植的植物通过形状、线条、色彩、质地等要素的组合以及合理的尺度展示群体美；植物与背景要素（铺地、地形、建筑物、小品等）的搭配，既可美化环境，为环境增色，又能让人调节情绪，陶冶情操（见图7-52）。

（3）植物景观的意象性。公园植物景观可被认知、记忆，使游人将可辨识的特征串起来，并在时空中形成一个可以理解的格局。凯文·林奇（K.Lynch）在《城市的意象》中把它称作"认知地图"，目的在于强调环境特征的易识别性。植物设计有助于形成环境意象，植物本身不仅可以作为主景构成标志、节点或区域的一部分，也可以作为配景，帮助形成结构更为清晰、层次更为分明的环境意象（见图7-53）。

图 7-52 北京植物园郁金香展区

图 7-53 北京海淀公园的春天

（4）植物生态的多维性。通过有效的植物设计，可以最大限度地减低公园中负面因素的消极影响，例如，在喧闹的环境中景观植物可以调节环境氛围，让人得到安宁。植物合理配植可以提升景观效果，从设计细节上使人获得舒适、温馨、安全和愉悦的感受。植物景观具有多维性和动态性，植物在形、色、味、声上能表现多维效果，例如，桃花、紫荆、紫薇等可观花色，桂花、茉莉花、九里香等可嗅其芳香，植物的生命周期性、温带大陆性气候带的植物明显表现出的季相动态变化。这些又能构成新景不断、鸟语花香，集形、色、香、声于一体的生态环境（见图 7-54）。

图 7-54　植物景观（upload.wikimedia.org）

（5）植物设计的适应性。公园中不同的空间、场地、道路等附属的植物设计应各有特色。公园主空间应重点表现公共开放性，周围可自然式种植，疏密有序，乔灌草复层配植。内部可孤植或成组种植大乔木，形成景观焦点或局部遮阴空间，还可适当点缀花草，丰富空间色彩，活跃空间气氛。

次空间依据空间性质或开敞程度，重点关注其周边的植物设计特色。开敞的边界以草地或花境为主，半开敞的边界则以小灌木为主，创造若隐若现的空间。场地内部及周边主要依据游人活动特征进行植物设计（见图 7-55）。

公园四周的边界内可设计环路，行道树采用连续性的林带与规则式的树阵相结合的方式，适当进行微地形处理，形成公园与外界交通空间的柔性联系，但适当降低郁闭度，使公园局部边界对外具有一定的开放性，增强公园的吸引力，提高使用效率。

公园内部道路绿化可依据道路级别及性质进行设计。可有遮阴的散步道、鸟语花香的小径、宽敞通透的日光道等。要控制合理的常绿植物数量，如果种植过多，气氛会显得过于庄严肃穆（见图 7-56），过少，北方冬季易显景观萧条。

图 7-55　小型花灌木与草本植物组合的边界景观（美国纽约某小公园）

图 7-56　北京地坛外小公园内步道植物景观

　　林下空间，以乔木为主的植物复合空间，能满足人们日常多种活动需求。夏季可遮阴降温，冬季可防风隔音。林下空间主要有林荫式、林缘式两种类型林荫路（alameda）（见图 7-57～图 7-59）。

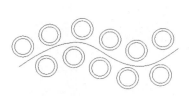 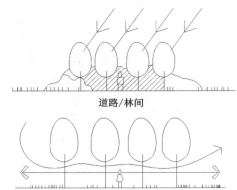

空气流动性大，适宜人群活动，满足公共性的要求。视野开阔，利于视线延伸，阵列种植可加强纵深仪式感。

图 7-57　林荫式林地（参考网络图片绘制）

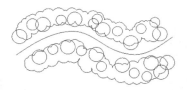 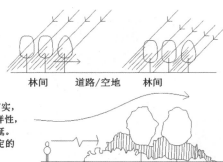

植物种植密集，大中见小，小中见大，虚中有实，实中有虚，或藏或露，或浅或深，植物的多样性，可以增加群落的稳定性，有效防止病虫害蔓延。改善微气候作用明显，视觉场所感强，有一定的私密性，适合人群观赏休憩。

图 7-58　林缘式林地（参考网络图片绘制）

图 7-59　林下空间（huffingtonpost.com）

（6）植物参与雨水调蓄。低影响开发（LID）是20世纪90年代美国学者提出的雨水管理思想与技术体系，强调使用生态化措施系统处理雨水。城镇基础设施建设应综合考虑雨水径流量的削减。雨洪管理措施包括雨水花园、干池、旱溪、植草沟等。除了人行道、停车场和广场等宜采用渗透性铺面外，绿地是理想的截留雨水的载体。标高宜低于周边地面标高5～25cm的下凹式绿地，如同蓄水池。

城市小公园是城市绿地的重要组成部分，可以分担雨水调蓄。小公园可规划成生态型的雨水收集、输送和净化系统。渗透池可设置于公园中的铺装场地、道路、水体和种植用地下，通过管渠收集地面径流，使雨水滞留并渗入地下，土壤含水量过饱和时，将多余的水导入收集系统统一排入市政管网处理。设计应注意防止雨水对公园场地和植物种植造成严重冲刷侵蚀或雨水长时间滞留对场地地质稳定性及土壤肥力等的负面影响。实施中，应设置说明和宣传设施，并标明位置、启动条件、可能的淹没区域的动态示意。在公园宣传科普常识、提升人们节能环保意识的同时，要确保公园使用的安全性（见图7-60）。

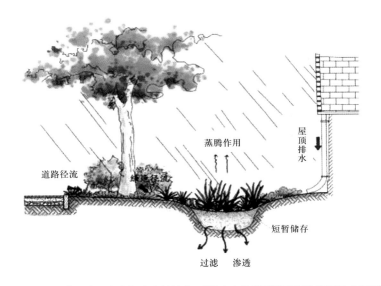

图 7-60　雨水调蓄示意（参考解清杰等编著，《城市合流管网溢流污染控制技术应用》）

（7）雨水花园。城市如同由细胞组成的复杂的生命系统的集合，雨水花园就像一个个细胞或细胞集群，构成了城市绿地系统的子集，是自然系统和社会空间的有机结合，功能丰富，充满技术性与艺术性。姜汉侨等学者提到雨水花园首先是一种有效的雨水自然净化与处置技术，其次还是一种生物滞留设施[18]。雨水花园，强调从雨洪径流产生的源头着手，通过对场地进行合理的竖向设计以及下垫面改善等措施，利用现有绿地，使雨水径流自我消减或者通过调蓄池进行调蓄，并与景观营造有机地结合起来，创造出可持续生态景观（见图7-61、图7-62）。

图 7-61 雨水径流进入雨水花园
（waterbucket.ca）

图 7-62 雨水花园（grownative.org）

雨水花园是靠土壤与植物共同作用来消纳雨水的，因此适用的植物及合理配植是雨水花园功能发挥的重要影响因素。

表 7-9 雨水花园对部分污染物的去除效果[19]

指标	悬浮物	总磷	总氮	重金属	病原体
去除率（%）	80	60	50	45～95	70～100

与未种植植物的土壤相比，有植被覆盖的土壤由于植物根系的疏松作用，其渗透性能可维持在较好水平[20]。雨水花园的植物选择应注意以下几点。

- 优先选用乡土植物，注重可持续性发展。
- 选用抗性强的植物，优先选择耐水湿、耐干旱、抗污染、抗病虫害的低维护植物。
- 选用根系发达的植物，但当有地下建筑物或构筑物时谨慎选择。
- 综合考虑植物的大小、花期、颜色及季相等因素进行造景，注重景观效益。
- 优先选择多年生植物和常绿植物，注重经济效益。

表 7-10 北京地区雨水花园常用植物

分区	核心区	缓冲区	边缘区
特征	耐淹、抗性强	根系较发达、耐旱、耐湿	较耐旱
乔木	垂柳、旱柳、柽柳、水杉	白蜡、小叶杨、枫杨、杜梨、合欢	侧柏、圆柏、悬铃木、樱花
灌木	紫穗槐、大叶黄杨、木槿、金叶女贞、红叶李	接骨木、杞柳、月季	紫荆、沙地柏
草本	黄菖蒲、千屈菜、八宝景天、芦苇、香蒲、细叶芒、斑叶芒、野牛草、高羊茅、黑麦草、沿阶草	萱草、马蔺、狼尾草、野古草、弯叶画眉草、苔草	垂盆草、紫花地丁、草地早熟禾、结缕草等

植物根系带足够的土壤才能保持养分、吸收过滤水、保持微生物活性，该土壤由50%～60%沙土、20%～30%的肥料和20%～30%的表土构成（见图7-63）。

图 7-63　乔木根保护（thebigplantnursery.com）

　　雨水花园布置在小公园各地的汇水分区，且雨水花园的尺寸要保证蓄渗需求。公园中还可设干池，干池与硬质铺装广场相结合，可暂时收集雨水（见图 7-64～图 7-66，参考网络图片绘制）。目前普遍运用于雨水花园的施工措施见表 7-11。

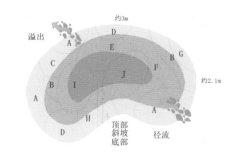

图 7-64　雨水花园水深分区（emswcd.org）

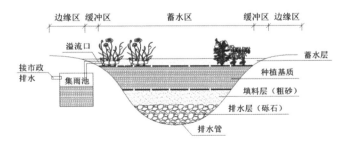

图 7-65　雨水花园分区示意（参考解清杰等编著，《城市合流管网溢流污染控制技术应用》）

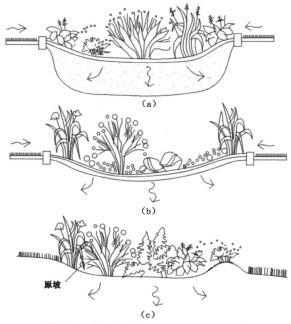

图 7-66　雨水管理（environmenterie.org）

（a）种植灌木、高草、蕨类植物和多年生植物；（b）有鹅卵石、河石和植物的河床；
（c）在边坡的上边造一个洼地，在边坡的下边造一个沙堤

表 7-11　　　　　　　　　　　　　　　　雨水花园施工措施

设施名称	功能水平	尺　　度	应用位置
干洼地	滞留、过滤、渗透	小的集水径流区，如小面积不可渗透表面	位于集中的暴雨径流下游，水装置、溢水盆地或出水口上部
生物洼地	过滤、渗透	100～300ft 宽	位于过滤设施下游，滞留池和处理设施上游
渗透盆地	过滤、渗透	大到几英亩的湿生洼地	终端设施，位于流出盆地或接收水体
可渗透铺装	过滤、渗透	停车棚、停车场、街道	位于处理系统上游，去除沉淀物和减少径流
墙面绿化	水流控制、过滤	住宅到商业建筑等	位于网络起始处，直接连接屋顶
雨水收集桶	保存	50～25000gal 蓄水池	位于处理序列的起始处，直接与径流源相接

注：参考网络资料编制，1 ft=0.3048m，1gal（美）=3.785412L。

4. 座椅

　　小公园设计时应考虑充足的座椅数量并合理布局。公园中的座椅不仅有很强的实用功能，满足游人休憩需要，还是公园中的景观要素，其设计形态、风格要与周围环境相协调，并能给游人提供舒适的体验。座椅的数量、位置、类型、材料及形态样式等都要依据游人及环境特征进行设计和配套布置。

　　（1）依据位置的布局考虑。

- 小公园出入口处　可结合植物布置座椅，既可满足游人暂时休息，又形成了一种连续的、有序的景致，实用美观。

- **小公园路边**　可设置座椅，便于游玩的人容易找到坐下休息。公园主路两旁间断地设置适量的座椅，提供亲切、安全和舒适的休息点，便于人们夏季乘凉，冬季沐浴阳光（见图 7-67、图 7-68）。

图 7-67　路边座椅空间外拓，避免行与坐矛盾（images.fineartamerica.com）

图 7-68　Cedar Park 中路边的野餐座椅（bestseattleparks.com）

- **小公园广场边缘**　较适合布置座椅。据调查，广场四周的边界常成为公共活动的密集区和环境依托处。游人一般都愿意在广场边缘活动与停留，并彼此保持一定的距离，当人们停滞其间时，就会形成一定的场所感，活动从这里向中心延展，其间的人既能看到人群中各种活动，有参与感，并随时可参与进去，同时也有安全感。广场边界的过渡与内外渗透拓宽了视野，并产生活动吸引。广场的边缘布置座椅，应保持一定距离，适当隔离。游人边休息边看风景及风景中活动的人，身心得到放松。较大广场边缘，还应适当划分出若干小的活动空间，方便游人自由使用（见图 7-69）。

图 7-69　萨尔斯堡街旁小公园广场边缘座椅

- 其他　小公园的树荫、花丛、水景附近、游戏场内，都可设置适当数量的各式座椅，以供游人休息，驻足欣赏风景（见图 7-70、图 7-71）。

图 7-70　水边座椅（wallpaperhi.com）

图 7-71　Ballast point park 游戏场边缘设置座椅（commons.wikimedia.org）

（2）座椅设计要点。注重人性化设计，体现在要充分运用人体工程学原理、依据游人年龄及身体特征进行设计，尺度适宜，包括座椅的高度、扶手和靠背，尤其要考虑到老年人、小孩和残疾人等需要做出特殊设计，例如座椅有靠背，两侧安装扶手，方便老年人起坐，老年人最喜欢温暖而舒适的木质座椅，四季适宜；小孩的座椅应低一些；残疾人座椅设计应补足他们身体缺陷。座椅设计要求如下：

- **形式灵活**　可独立、成组或与建筑结合，因为有人喜欢独坐，有人喜欢结伴同坐，各有所需。
- **材料舒适安全**　选择一般倾向于原始朴实的木料，也可考虑其他新型的材料。
- **色彩反映环境特征**　应统一与变化相结合，如儿童游戏场中的座椅要展现童趣，色彩缤纷。

总之，座椅设计应与小公园设计同步，表现人性化、实用性、时代性、文化性、艺术性，并尽量与景观设施相结合，这样能充分发挥座椅的功能（见表 7-12，图 7-72 ～图 7-74）。

表 7-12　　　　　　　　　　　　休闲座椅的各部分最佳尺寸

项目	座高（mm）	座宽（mm）	座深（mm）	座面角度（°）	靠背高（mm）
尺寸	380 ～ 450	380 ～ 480	420 ～ 450	5 ～ 10	460 ～ 610

注：参考 GB/T 10000--1988《中国成年人人体尺寸》。

图 7-72　榉树广场 佐佐木叶二（来源网络）

图 7-73　北京万寿公园带扶手的座椅

图 7-74　座椅的多种形式（landarchs.com）

（3）座椅与环境。微气候条件对公园内游人行为及其空间分布影响很大。其中，温度和阳光对游人的影响最大[8]。公园中，阳光强烈时，游人在草坪中倾向选择树木下作为停留点，植物能够降低环境温度，遮挡紫外线的照射，树荫还能有效减少眩光，带给人们清凉舒适感。为有效提高遮阴树木的利用率，可以将遮阴乔木巨大树冠形成的遮阴区域与人工的坐憩设施相结合设计，形成有利于吸引游人可坐的树下休憩场所，开敞空间中的树荫、花架下和绿篱旁的座椅同样受到游人的欢迎（见图 7-75 ～图 7-77）。

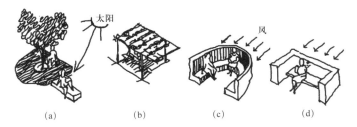

图 7-75　微气候条件良好的坐憩设施（阿尔伯特·J. 拉特里奇《大众行为与公园设计》参考绘制）

（a）树荫下及向阳处的长椅；（b）设在花架下的长凳；（c）带挡风墙的长椅；（d）长椅周围植物起挡风作用

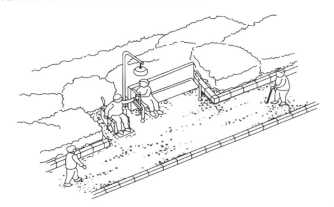

图 7-76　轮椅停留空间（参考《城市道路和建筑物无障碍设计规范》）

图 7-77　背阴及树荫下的座椅（ndagallery.cooperhewitt.org）

5. 其他

小公园中还包括装饰性雕塑、垃圾桶、饮水洗手、照明、标识、电话亭、厕所等设施。装饰性雕塑可供游人观赏并装饰环境。人们在装饰优美的景观空间中开展活动，身心愉悦。该类设施应少而精，尺度亲切，雕塑类设计主题思想应积极向上，体现文化内涵。

公园内游人量较大的空间边缘应该设利于回收的垃圾分类箱，方便使用，保证环境卫生；设置饮水处，设置供残疾人方便使用的专用洗手间。照明应便于人们在天气好的晚上活动，尽量采用光线向下的照明设施，避免眩光。设计中应随时随地体现人文关怀。

公园中的标识系统要清晰明了。出入口或道路交叉口处以及人流量较多的地段要设置醒目的标识，警告与提醒人流疏散的方向，为游人提供指引与信息的标识要易于看到并连贯一致，明示活动空间与行进方向，还应与其他的景观要素相结合统筹考虑，从而达到美观与可识别性有机结合的目的（见图 7-78、图 7-79）。

图 7-78 北京皇城根遗址公园的"时空对话"雕塑

图 7-79 北京万寿公园内标牌

无障碍设计应完善，考虑到特殊游人的需求，公园中尽量减少高程变化区域，为了景观需要而做的微地形上，应设计缓坡，在有高差的路段设置规范的防滑坡道，且应连续。

儿童活动空间环境不仅要为儿童活动提供一定的空间场地、游具和特殊设施，还要为儿童提供有童心童趣的小品及必要的生活设施以完善活动空间整体环境。例如适当地布置一些雕塑、休息亭架、坐椅、写字板、卫生箱、洗手池等，它们都是活动空间环境的有机组成部分。

总之，环境设施要优质并人性化，尽量满足城市人们的游园需要，以提高城市生活环境的亲和力和文化影响力。公园也需要专人定期管理，随时保持园内环境干净整洁，严格执行垃圾分类，公园内的树枝树叶做到"落叶归根"。不论是土方工程还是绿化工程都要严加管理，严密遮盖，防止扬尘。

8　道路交通

小公园设计会涉及公园外部和内部道路规划与交通组织。外部道路交通涉及相关联的街道、能开设出入口的位置、附近是否有公共交通或停车场相连接、交通量及发生的时间、公园交通对当地街道潜在的影响等，公园内部涉及园路及场地布局，例如公园中布置了哪些功能空间？它们之间有何关系？为人们提供哪些休闲景观、设施以及如何到达？

8.1　出入口

1. 位置

交通问题因各种不同的出行可以变得相对简单或者复杂。要求有不同的出入口位置、不同的交通通道形式、交通分流、安全保护控制等，另外还必须考虑垃圾拾取、服务车辆的进出和交通通道。公园主要出入口的位置，必须与城市交通和游人走向、流量相适应，根据公园规划和交通需要来设置游人集散活动场地。

2. 形式

（1）进出方便。对于那些行动能力有限的人，不仅包括坐轮椅的人，还有非常老的人、很小的孩子、视觉损害者或者那些不能识别标志上文字的人等，一般应通过无障碍设计实现。

（2）行走舒适。出入口地面应平坦，以整体路面、块状路面为宜，路面铺筑宜软质、无反光，平面线形设计不宜弯曲过多，竖向变化不宜过大，且应避免台阶，高差处应设平缓坡道，在道路转折与终点处，可用色彩变化警示游人留心，如黄、红色，易于识别（见图 8-1）。

图 8-1　无障碍设施（hmestore.net, starttraffic.uk, pinterest.com）

3. 构成

出入口仅是交通流的首末站，并与行进的通道相连。出入口外部或内部应布置小型广场。外部广场作为公园与城市街道的过渡空间，缓解人流聚集对附近道路交通的压力，同时有条件的可设停车场。而出入口内部广场作为联系公园内部其他空间的缓冲地带和景观的序幕，酝酿并提升游人的游园情趣。场地中可设置雕塑、小型水景、花坛等，打破开阔场地的空旷感和单调感，但应确保不影响人流集散，从视觉景观上引导游人分散前行，进入其他活动场所或出园（见图 8-2）。

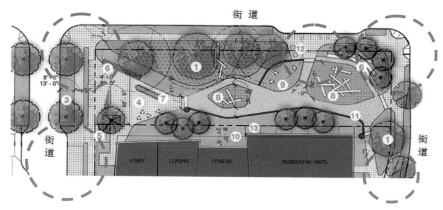

图 8-2　形式各异的出入口（www.seattle.gov）

8.2　道路系统

城市道路系统，是连接城市各类用地的"骨架"，城市路网一般由 4 个方面内容组成，包括路网本身的属性、形态、结构以及容量，根据道路职能的重要程度，城市路网体系进行等级划分，形成路网结构。借鉴到小公园设计中，需要研究小公园道路系统的属性、形态、结构及容量，并根据实际需要，建立路网结构。

小公园道路系统的主要功能是为游人提供散步、穿行和休闲的基础条件，应具有交通、游憩等属性，可设计成不同形态，建立典型的自由式、方格网式、环形放射式和混合式等路网结构形式，小公园也需测算游人容量。

1. 路网结构

公园路网结构是公园道路之间因内在联系而形成的组合形态，包括公园道路的总体形态、等级配置、衔接处理等。结合当地地形、建筑物群、植物群、铺地以及设施，最终与游人的行为规律相匹配。良好的路网结构应利于人们"通"和"达"，利于公园的交通组织、公园的功能发挥。

（1）路网结构形式。公园路网结构依托地形条件及小公园的总体布局而定。

在规则式布局的小公园中，路网结构偏规整，可采用方格网式、环形放射式，道路常表现为规则的几何形或直线、折线型，容易形成轴线及对称的空间关系，形式具有统一、均衡和稳定的特征。

在自然式布局小公园中，路网结构，可采用自由式，道路多表现为迂回曲折，流畅自然的曲线，延长景深，扩大空间，使人们从不同角度去观赏景观，步移景异，形式具有变化、运动、活泼的特征。

在混合式布局的公园中，路网结构常见混合式，采用规则式或自然式中的一种形式为主，另一种形式补充，具有灵活多样、随机复杂的特征。混合式路网在现代小公园设计中比较常见。不管采用什么道路形式，都应避免出现断头路和回头路（见图8-3）。

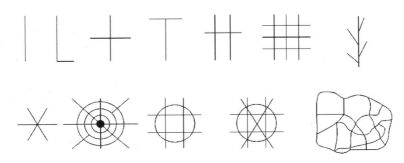

图 8-3　典型路网结构及演化形式（参考网络图片绘制）

（2）道路分级。小公园占地面积小，道路分级相对简单，但也应主次分明，一般分2～3级即可。一级路作为公园的主路，二级路为次路，三级路为小径。主路贯穿全园，连接公园的不同功能区；次路连接同一功能区内的不同空间或活动场地，引导游人达到活动的具体地点；如果活动空间或场地较大，根据需要，还可设小径分散到空间内的不同点位。公园中还要求设置专门的残疾人通道，为身体有障碍的人士提供游玩服务（见图8-4）。

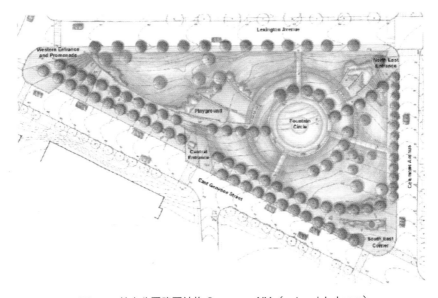

图 8-4　某小公园路网结构 Syracuse, NY.（petermichel.com）

（3）功能匹配。小公园中的主路和次路应力求平坦、顺畅，道路的尺度、分布密度，应该是人流密度客观、合理的反映。人多的地方，如活动场地、公园的出入口处等，道路的尺度和密度应该大一些，如果人流量超出道路容量，部分人流会借道于路边的绿地或其他空间设施，势必造成环境破坏；散步区域人流量较小，道路的尺度和密度相应地要小一些，避免由于道路面积过大造成空间浪费、排水面积增加等一系列问题（见图8-5）。

图 8-5　北京长春健身园铺地

根据功能及地形特点，小公园道路的形式可以多样化。在人流相对聚集的区域，道路通常转化为活动场地，在林地、草坪中常见步石的形式，水中则见桥或汀步等，适度变化的路为小公园带来更多情趣，引人入胜，并彰显景观价值。

根据管理及游人使用需要，路边可附加一些必要的设施。道路两侧应设置路灯，便于游人晚间行走；较长的道路两侧应适当设置座椅，周边种植落叶乔木，夏季形成树荫，方便游人乘凉，冬季乔木落叶后可从树间透过阳光，方便游人沐浴阳光；沿途设计应富有趣味性景点便于游人欣赏，避免让游人感觉单调乏味；还应注意布置远景，引导游人前往游览，增加游玩的兴致；道路和小广场相结合使得路面宽度发生变化，宽窄不一，曲直相济，休闲、停留、人行和运动相结合，各得其所。公园中的部分道路应满足园务车辆交通所需要的最小的转弯半径和道路宽度。

（4）景观设计。一般情况下，小公园道路系统承载的交通量和荷载较小，对路基和面层要求较简单。道路景观设计应具有整体性、连续性和系统性。道路交叉口、道路与活动场地的连接处理应因地制宜。从游人步行的角度考虑，依据游人的心理需求和行为特点，本着以人为本、安全、美观的原则进行设计，不仅要注意沿路及场地边界的细部景观及设施设计，还要考虑远景视觉效果，充分体现公园景观品质，并使道路空间宜人和充满活力（见图8-6、图8-7）。

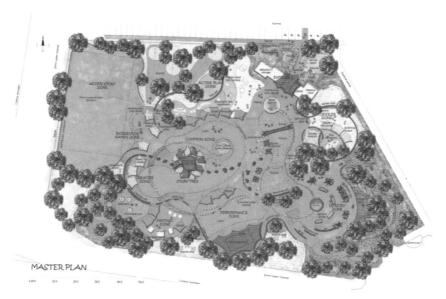

图 8-6　某游戏场路网形式（outlinela.co.za）

图 8-7　美国达拉斯城市公园内林荫道（zhan.renren.com）

2. 断面设计

　　小公园的道路断面设计，应依据公园总体布局，进行道路功能定位，确定道路等级，协调功能组成之间的关系，包括人行、景观环境、休闲活动等细部处理，确定各类要素的宽度，并综合成为道路初步断面。

123

（1）横断面设计。

- **宽度**　小公园中道路一般采用单幅路的断面形式，不设分隔带。单幅路比较节省空间，经济成本低。道路的宽度与密度设计需要满足人流高峰时段的人流通行。
- **横断面**　在确定道路横断面的布置形式时，应全面考虑道路等级、两侧用地的性质以及道路的平面和纵断面。小公园中的主路宽度满足消防要求即可，一般应在3.5 ～ 4m，既保证行人的安全又避免道路太宽而缺乏导向性。为了方便轮椅通行，最窄的小径宽度一般不小于1.8m。

依据个人横向净空值及人流量确定道路宽度。如果两人并行，路宽最小约1.3m，三人并行，路宽最小约2.0m，以此类推。因此，建议小公园中的主路可在3.5 ～ 4.0m，次路可在2.0 ～ 3.0m，小径可在1.5 ～ 1.8m（见表8-1、图8-8、图8-9）。

表 8-1　游人横向净空值建议　m

游人	空身（最小值）	拎包	抱小孩	带小孩（最大值）
男	0.65	0.7	0.7	0.9
女	0.65	0.7	0.7	0.95

注：参考吴为廉《景园建筑工程规划与设计》编制。

3500 ～ 4000 mm　　　2000 ～ 3000 mm　　　1200 ～ 1500 mm
主路　　　　　　　　　次路　　　　　　　　小径

图 8-8　分级道路横断面（参考网络图片绘制）

图 8-9　公园中的林荫道景观（images.trvl-media.com）

- 坡度 是公园道路的横断面设计中的重要一项内容。道路的最小横坡以排水坡度为基准，而最大横坡则应考虑游人中的弱势群体的需求。

- 材料 道路设计应与植被融为一体，而不是小公园绿地的割裂带。路面材料尽可能采用渗水材质，特别是小径和支路，应当以砖块和碎料交叉辅筑，在必须采用混凝土或沥青材料时，力求采用透水性良好的材料，或使用多种材料混合铺筑，力求保持道路本身的生态特性。

- 空间尺度 道路与其两侧的各类边界，共同构成道路空间（见图 8-10）。

$D/H \leqslant 0.7$ 会产生压抑感。

$D/H=1$ 道路空间有亲切感和较强的围合感，沿路景观设施对人的影响较大。

$D/H=1 \sim 2$ 仍能保持亲切感和围合感，绿化对空间的影响作用开始明显加强，可增加绿化带宽度和树木高度以弥补空间的扩散感。

$D/H=2 \sim 3$ 视野较开阔，空间开敞，围合感较弱。

$D/H=3$ 空间开敞，人们视线主要停留在路边景观群体关系上。

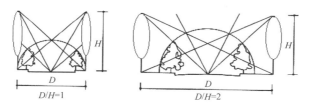

图 8-10 道路横断面空间尺度（参考网络图片绘制）

（2）纵断面设计。道路纵断面线形指道路中心线在垂直水平面方向上的投影，它反映道路竖向的走向、高程、纵坡的大小，即道路起伏状况（见图 8-11）。纵断面规划设计的内容至少包括：①确定沿线纵坡大小、长度以及变坡点位置；②选定满足行车技术要求的竖曲线；③计算各桩点的施工高度及桥涵构筑物的高度。

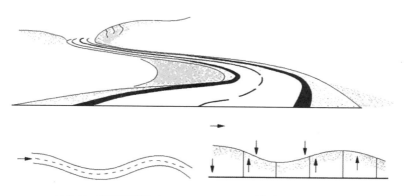

图 8-11 道路纵断面（baike.sogou.com）（参考网络图片绘制）

纵断面设计，除了要满足各控制点标高要求外，路外排水也是一个重要的影响因素。特别是在较复杂地形中进行道路改造时，往往会遇到与公园外部人行道标高不相匹配，可能造成排水困难，设计前应详细分析成因，根据工程的不同情况，利用已有条件，克服排水的问题难题。

- 最小纵坡 除了需满足我国《公园设计规范》相关要求外，还应避免过多的台阶设计。雨水是否能够快速、通畅排放也是道路坡度设计需重点考虑的因素。道路最小纵坡是指能适应路面上雨水排除，不至于造成雨水管道淤塞所必需的最小纵向坡度。一般应大于或等于 0.5%，困难时可大于或等于 0.3%（见图 8-12）。

图 8-12 北京万寿公园道路排水及纵向的视线引导

- 最大纵坡 当道路的坡度大于一定值（一般为 18%）时，应设置台阶；当道路的坡度大于 58% 时，需加大台阶摩擦力并在台阶两侧增设栏杆，最大程度保证游人安全。道路纵断面设计也可以根据功能需要收放宽度尺寸，采用变断面的形式进行立面上的布局。

道路的纵坡应小于 4%，需要适当设置水平路段和休息平台（平台宽度最好大于 1.8m）；轮椅专用道的坡道坡长不宜超过 10m（表 8-2、表 8-3）。

表 8-2 道路及绿地最大坡度建议

项 目	坡 度	项 目	坡 度
普通道路	17%（1/6）	路面排水	1%～2%
自行车专用道	5%	草皮坡度	45%
轮椅专用道	8.5%（1/12）	中高木绿化种植	30%
轮椅园路	4%	草坪修剪作业	15%

注：参考《城市道路和建筑物无障碍设计规范》（JGJ50—2001）。

表 8-3 坡度视觉感受

坡度	视觉感受	适用场所	材　料
1%	平坡、行走困难、排水困难	渗水路面、局部活动场	地砖、料石
2%～3%	微坡、较平坦、活动方便	室外场地、车道、园路草皮路、绿化区	混凝土、沥青、水刷石
4%～10%	缓坡、导向性强	草坪广场、自行车道	种植砖、砌块
10%～25%	陡坡、坡形明显	坡面草皮	种植砖、砌块

注：参考《居住区环境景观设计导则（2006版）》。

（3）平曲线设计。在平面中的路线转向处的曲线设计，包括圆曲线和缓和曲线设计（见图8-13、表8-4）。

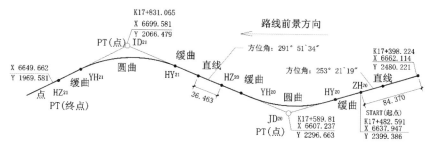

图8-13　平曲线示意（参考网络图片绘制）

表 8-4 道路内侧平曲线半径最小值建议　　　　单位：m

道路类型	主　路	次　路	小　径
最小	8.0	5.0	2.0

（4）材料选择。常用铺筑材料依据质地可分为：

- 软质材料　草坪、地被、人造草坪和树皮等。
- 硬质材料　石材、砖、砾石、卵石、混凝土、沥青、木材和塑木等。

材料选择需要结合道路主题。例如部分道路主要考虑保健作用，采用卵石铺装供人足部按摩；追求生态环保主题时，可采用透水、再生等材料。道路的衔接尽量自然，不同材料的过渡要顺畅。构思巧妙的边界形式可为整个铺地增添情趣与魅力特色，边界可分为两类：确定性边界和模糊性边界；作为铺地景观部分的树池护面的设计应考虑与地面铺筑材料装的协调性，一般为混凝土、铸铁、木条等预制的树池箅子或以卵石、砾石、碎木屑等填充。

参考《公路工程质量标准》，小公园主路、次路在保证道路功能正常发挥、满足荷载的基础上，建议采用第8章中推荐的生态环保的铺筑材料，同时关注景观效果；小径可采用粒料加固土路面或碎石、木屑等材料，或采用不整齐石块、碎石或砾石等其他粒料铺筑。采用汀步或步石时，间距的确定请参考表8-5中的数据。

表 8-5	行人步距	单位：m
游　　人	青壮年	老　　年
男	0.93～1.02	0.84
女	0.86～0.90	0.80

3. 交叉口设计

交叉口设计是公园道路设计的重要组成部分。规划式和自然式道路系统相比较而言，自然式道路系统中多见三岔路口，规划式道路系统中则十字路口、丁字路口较多，但从加强巡游性来考虑，路口设置也应少一些十字路口，多一些三岔路口。

（1）道路与道路相交。

- 正交　除山地陡坡地形之外，一般道路尽量保用正相交方式。交叉点的选择应尽量靠近直角顶点，这种设计方式不仅更符合游人的行走方式，还有助于保护绿地。
- 斜交　除了注意道路与观景角度相协调，还应注意尽量设计成钝角，斜交角度如呈锐角，其角度也尽量不小于 60°。转角过小，车辆不易转弯，人行易穿绿地。锐角部分还应采用足够的转弯半径，设计为圆形的转角。
- 三岔路口　交叉口中央可设计大小适宜的花坛、花台或雕塑等，以不影响交通为宜。要注意各条道路都要以其中心线与花坛的轴心相对，不要与花坛边线相切，路口的平面形状，应与中心花坛的形状相适应，具有中央花坛的路口，都应按照规划式的地形进行设计。交叉口相交路数量太多，易造成人们在路口交叉处无所适从的现象（见图 8-14）。

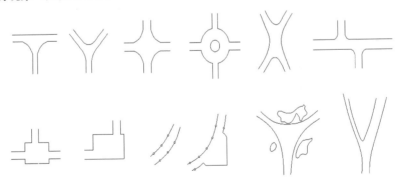

图 8-14　小公园道路交叉口处理示意（参考网络图片绘制）

（2）道路与建筑物交接。

道路与建筑物交接时常形成路口。一般会在建筑近旁设置缓冲场地，道路则通过这块场地与建筑交接。但一些起过道作用的建筑，如游廊等，可不设缓冲场地。实际处理道路与建筑物的交接关系时，一般避免斜交，特别是正对建筑某一角的斜角，冲突感很强。对不得不斜交的道路，要在交接处设一段短的直路作为过渡，或者将交接处形成的路角改成圆角。

　　总之，小公园道路系统具有开放性、可识别性。路径应具有与外部街道连接的可视性，传递开放信息并引导视线，产生视觉兴奋（见图 8-15）。

图 8-15　公园道路与外部街道的连接形式（aharon.varady.net）

第三部分 设计实践

在中国城市进入"存量发展时代",如何在有限的城市用地范围内,整体提升城市环境质量是非常迫切的城市建设问题。城市小公园散落于城市各个角落,对提升城市整体环境质量举足轻重,效果显著。因此,针对城市小公园设计的研究非常必要。

本书选择了 12 项优秀案例进行分析研究。案例类型包括城市中的存量空间即老旧区域小型公共开放空间的改造设计、滨水工业旧址空间改造,以及城市中新建公共开放空间设计、住区小型活动空间设计等。依据日常生活需要、规模较小、可达性强和公共开放等原则选择案例,从环境条件影响分析、空间结构布局、景观要素布置及游人需求等方面对案例进行系统研究,最后从城市小公园的规则式、自然式和混合式三种类型进行设计探索。

9 案例分析

9.1 佩雷公园

佩雷公园（Paley Park）概况。

地点：纽约曼哈顿中心第 53 东大街。

面积：390m²（15.2m×30.4m）。

时间：1967 年竣工。

设计师：罗伯特·泽恩（Robert Zion）。

佩雷公园被称为袖珍公园或口袋公园。公园小而便捷，还会令人感受到"家"的温馨，体验安全感和私密感。口袋公园（Vest-pocket Park）概念最早是罗伯特·泽恩的公司（Zion &Breen Associates）于 1963 年 5 月在纽约公园协会（Park Association of New York）组织的主题为"纽约的新公园"展览会上提出的。其原型是散布在高密度城市中心区的斑块状分布的小公园（Midtown park），这种公共开放的户外空间游离于车行和步行交通流线，但易达，尺度宜人，远离噪声。

1. 环境分析

公园位于商店、办公、酒店集中区域，与曼哈顿街道垂直相交，对面有广受欢迎的现代艺术博物馆。公园夹于高楼之间，西面开敞、向阳，被人们亲切地称呼为"躲避城市喧嚣的绿洲"（见图 9-1）。

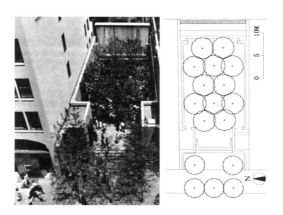

图 9-1 佩雷公园环境条件（studyblue.com）

2. 总体布局

基地平面为长方形，分为三个部分，整体设计简约而精致，温馨而亲切，与周围环境和谐共生。公园三面有建筑围合，一面开敞，边界清晰明确（见图 9-2）。

- 入口前空间，与外部人行道连接。
- 公园内部的过渡空间，连接出入口及公园内部。
- 公园主空间，以铺装场地为中心，场地上整齐有序地布置庭荫树、装饰性花坛和可移动的座椅，周边布置水景、绿化。

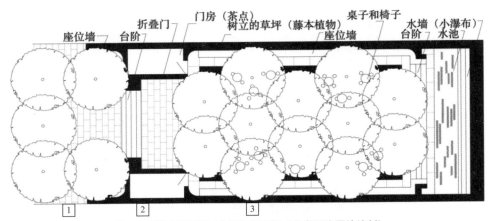

图 9-2　佩雷公园平面布局和剖面图（参考网络图片绘制）

3. 景观要素

佩雷公园虽小，但设计丰富且精致。园中谨慎地使用跌水、树阵广场空间、轻巧的园林小品和简单的空间组织，通过合理布置座椅、台阶、扶手、折叠门、垂直绿化、可移动桌椅、台阶和瀑布水墙等要素，将不同的材质，多种色调以及声音元素融合在一起，小公园设计有条不紊，营造了轻松的氛围。

（1）地形。出入口为一条四级的阶梯，阶梯两边附有无障碍坡道。内部场地平坦，与外部地面形成高差，将园内空间与繁忙的人行道分开，从而划分了空间，增强了公园的领域感。

（2）铺地。入口台阶及外面的铺筑材料都是粉色花岗岩，平整且有防滑处理，质朴、清新自然。场地中央辅筑红棕色蘑菇面方形花岗石，规格 100mm×100mm，规则排列，粗糙的表面富有自然情趣（见图 9-3）。

图 9-3　佩雷公园水景、植物和铺装（dustandrust.com）

（3）水景。隔绝噪声，视觉享受。公园的亮点是 6m 高的水幕墙，作为整个公园的背景，水顺着整个墙倾泻而下，使人们在街道上就能注意到公园。瀑布制造出来的流水声，掩盖了城市的喧嚣。夜晚，瀑布中射出的霓虹灯光引人注目。水的运用还令人体验到微气候设计的人文关怀，增加空气湿度，调节温度，改善小环境质量，提升舒适性。

（4）植物。主要树种为皂荚树，种于梅花形的树池中，形成树阵向外延伸，围合出一块较为遮阴的空间。花盆里的鲜花颜色清新，两侧蔓生植物墙，柔化了公园内其他坚硬材料所形成的僵硬感。植物的季相变化，给这一块静谧的角落增添了生机和审美情趣。利用植物的生理功能进行微气候设计更有成效。

（5）座椅。铁丝网做成的白色椅子搭配大理石材质的小桌，轻巧、质朴，与环境融于一体。有统计显示，佩雷公园使用率是每年 128 人 / ㎡，是中央公园的 28 倍之多（见图 9-4）。

图 9-4　景观元素协调配置（pinterest.com）

9.2 奥格登广场公园

奥格登广场公园（Ogden Plaza park）概况。

地点：美国芝加哥公园区。

面积：约 4856m²。

时间：1990 年设计。

设计师：洛汉公司（Lohan Associates）。

公园位于一个斜坡上，地面上是广场，地下是多层公共停车场。为周边的喜来登酒店、塔楼、Loews 酒店和 Doubletree 酒店提供 24 小时 7 通道的廉价停车服务。

1. 环境分析

广场公园南临 E North Water St. 及喜来登酒店，东部临著名的 NBC Tower，四周均为城市道路，可进入性强。由于广场不与停车场直接相通，因此当人们置身广场中时，几乎觉察不到下方停车场的存在（见图 9-5）。

图 9-5 广场公园区位图（google）

2. 总体布局

公园由三个截然不同的区域构成，总体北低南高（见图 9-6 ～图 9-9，google）。

- 北区 比景观层低 3m 以上，周围有围墙，与树木一起将都市的喧嚣阻挡在公园以外。三面被白色的预制混凝土高强包围，在接近墙顶的位置有横条纹的装饰，避免单调。边界为半开敞—封闭—开敞—封闭—半开敞的变化。

- 中区 放置了一个巨型花岗岩数字时钟雕塑，成为公园的焦点。

- 南区 通过台阶将中心区与街道相连接。该区四周也被高墙所包围。在连接街道的地方做了有硬质铺地的空间。边界形式为封闭—开敞—封闭—半开敞的变化。

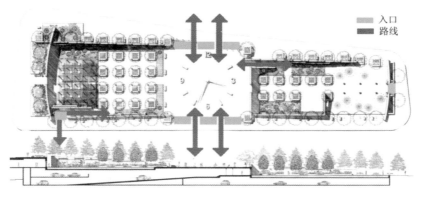

图 9-6 公园总平面和剖面图

图 9-7 北入口

图 9-8 入口墙体和植物围护

图 9-9 西入口

3. 景观要素

（1）地形。公园被分为有高差的两部分，之间由两个台阶连接。从场地较高的南端的喜来登酒店可以俯瞰该广场。总体地形平坦，绿地局部有草坡，从边界到中间道路形成高差，打破了平坦地形的单调感，斜坡增强了空间围合感（见图9-10）。

（2）铺地。分别由灰色和红棕色花岗岩块石铺筑，表面做防滑处理，自然朴实。中心广场上布置巨型时钟，用灰色花岗岩制成条石和数字代表时钟刻度（见图9-12）。

（3）建筑。广场西侧布置网格状遮阴棚架，结合攀缘植物种植，简约、大方、朴实、自然，形式与整体设计风格协调（见图9-11）。

图 9-10　草坡与铺砖（flickr.com）

图 9-11　遮阴棚架（google）

图 9-12　广场中心时钟（google earth）

（4）植物。公园中布置了大量的植物，采用草坪、种植槽、墙体绿化和树池形式。网格状的高架种植池上种满了布拉德梨树和各种季节性花卉。它们形成了广场最主要的设计风格。梨树高9m，冠幅呈卵圆形，小枝褐色，叶卵形至椭圆形，叶片秋季变成红色，鲜花树种，春季白色小花开满全树，花朵和叶色俱佳。

（5）座椅。公园中布置了大量的长椅，广场东西两侧均有平面为正方形的种植池，网格状有序排列，种植池由花岗岩条石砌筑，池壁上表面镶嵌棕色木条形成座椅，可供人休息，形式简单实用，材料合宜，色彩协调，质感自然亲切。场地中还配置了常规座椅，黑色金属支架固定棕色木条座面，与环境协调（见图 9-13）。

图 9-13　景观元素协调配置（Pictaram）

4. 游人行为

奥格登广场公园四周为城市道路，进入便捷，为人们提供一个可以休闲娱乐的"城市绿岛"。园内为游人以休憩为主。

9.3　约克维尔村公园

约克维尔村公园（Oleson Worland park/ the Village of Yorkville Park）概况。

地点：加拿大安大略省多伦多市。

面积：约 1500m^2。

时间：获 2012 美国景观设计师协会（ASLA）综合设计奖。

设计师：史密斯·梅耶和施瓦茨。

公园位于市中心附近的老城区。1994 年以来，随着老城区振兴建设，该公园进行一些恢复工作，其休闲、生态的作用成为邻里环境的重要过渡区，并带动周边环境的建设，附近新建高层建筑，重建其他公园。约克维尔村公园是景观＋城市设计的一项实践，为城市振兴发挥了重要作用，并已成为当地的地标。

1. 环境分析

公园整体为长方形的城市空间，南面矗立着高层建筑，北面为低层的半独立式房屋。近处为地铁站的入口。公园与城市道路交通紧密联系（见图 9-14）。

图 9-14　公园及外环境（gardens.liwai.com）

2. 总体布局

公园布局源自老约克维尔村的居住区结构体系。公园内各部分的划分正是基于过去联排式住宅形成的集市广场的尺度和特色。公园的主要设计目标是反映当地的特色和维多利亚时代的尺度；呈现国家特有的景观和植物；提供多样化的空间及感观体验；组织良好的步行系统。公园分成景色各异的区域，每个区域表现不同的加拿大景观特色。每个大区域之中又有一些小空间，为市民提供休闲场所。一系列长长的植物带、人行道和空间序列贯穿其中。

- 东部　新斯科蒂亚园区是一片松林雾景。
- 中部　安大略森林和湖泊。
- 西部　草原和落矶山。

所有这些不同的表现形式通过一种抽象、象征的设计手法表达出来，例如，迷离的飞雾和堆砌的巨大山石。虽然公园面积不大，但作为新的城市公共空间，公园特色鲜明，再现了所处地区景观的历史，景观设计元素丰富、内涵深厚、层次清晰（见图 9-15）。

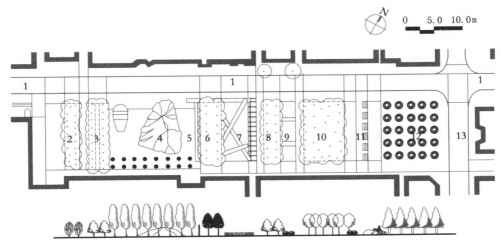

图 9-15　公园平面图和立面图（gardens.liwai.com）

1－ 坎伯兰大街；2－ 唐棣林；3－ 草本镶边的花园；4－ 岩石构景；5－ 水幕；6－ 桤木林；7－ 湿地花园；
8－ 廊架、果园；9－ 岩石园；10－ 桦树林；11－ 草原植物区；12－ 松林 / 喷雾杆；13－ 贝莱尔大街

3. 景观要素

　　利用各种景素来反映公园主题，采用本土材料，易取且廉价，游人在心理上有亲切感。开放区和植被密集区的穿插与交替营造了公园多样性和个性化，促使社区生活充满活力（见图 9-16 ～图 9-18）。

图 9-16　岩石景观（gardens.liwai.com）

图 9-17　桤木林 / 湿地花园区（huaban.com）

图 9-18　廊架与湿地花园（inla.cn）

（1）地形。整体平坦，西部点缀假山，再现冰川区域地质，650t10亿年的花岗岩切割出加拿大冰川区域特征的裂缝，运到公园西端，现场重组，体量巨大且非常吸引人，地面通过铺装和植物的多样配植打破景观单调感，强调景观在地形中的视觉效果。坐的露头表面有一个美好的触觉和吸收温暖凉爽的阳光。

（2）铺地。材料丰富，以灰色条砖为主，有机配置灰色条石、小块的花岗岩方石、棕灰色木板、黄沙等，简洁自然，又富有秩序，花架附近还铺筑了金属网透水园路，与花架呼应。

（3）建筑。西部海棠林中布置了金属廊架，廊架顶部铺设格网，可攀缘植物，夏季形成绿阴，廊柱间连接座椅，便于游人休息。4m高的水幕将公园内包括光柱和廊架等一系列建筑元素串联起来，和谐统一，并形成了令人陶醉的空间。

（4）水体。公园西端有一片沼泽湿地和加拿大松树林，林中的喷雾杆顶端喷出细小水珠，为松林在炎热的夏日带来清新和凉爽。夜晚，喷雾杆便成为森林景观中的光柱。旁边一组银色金属框架构建的一帘瀑布既是铺装场地的分界，又创造了动态、活泼的水景供游人欣赏，同时为场地环境加湿降温，形成避暑胜地。冬季瀑布水帘形成纤细的冰柱晶莹剔透，地面有白雪覆盖，这里又成为美妙的冰雪世界，设计构思巧妙（见图9-19～图9-21）。

图9-19 从草原植物区进入松林，林中有喷雾杆（images.huffingtonpost.com）

图 9-20　水幕（artonfile.com）

图 9-21　冰幕（dewinc.biz）

（5）植物。这种自然的元素不仅具有生命，有些还被附象征性意义，为体现某一个主题，可以把种类、形态、色彩各不相同的植物有机地组合在一起，从而通过植物将设计语言的内涵表达出来。约克维尔村公园是一个生态公园，植物以当地树木花草为主，约 90 种，如欧洲赤松、白桦、桤木，组成林地和花园，植物色彩丰富、层次变化多样，给人们一种回归自然的美感与舒适感，同时继承和延续了维多利亚时代的传统历史风貌，呈现国家和地区特有的景观。在形态组合上，设计师别具匠心地将高低和外形轮廓不同的树木分区种植，东部，铺装广场点缀欧洲赤松，有圆形树池维护（见图 9-22、图 9-23）。

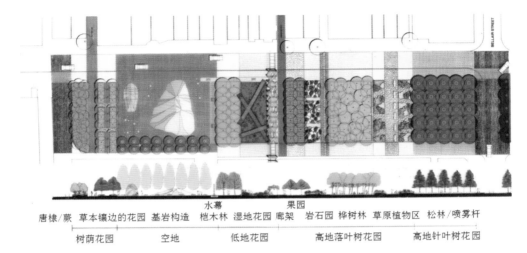

图 9-22　植物配植（gardens.liwai.com）

图 9-23　林地（azuremagazine.com）

（6）座椅。公园中配置了大量的可移动的桌椅，使用灵活。弧形花池和树池用水泥制成，充分利用了空间，也提供了临时座椅的功能。做旧的公园木椅跟带着年代感的木质地面，营造了一种静谧的环境，人们可以坐在木椅上欣赏这美丽的景色（见图 9-24）。

图 9-24　可移动座椅（design.cila.cn）

4. 游人行为

公园中布置了场地、凉亭、水景、植物等景观要素，并由低矮的绿篱或茂密的乔灌木围合出不同的空间，例如，安静的或热闹的空间。公园为游人提供宜人的场所，游人不仅可以休闲、交流，还可以看书、学习和休息，沐浴阳光，聊天、散步，夏季欣赏水景、乘凉，冬季打雪仗、堆雪人。

9.4　圣荷塞广场公园

圣荷塞广场公园（Plaza San Jose /Plaza de Cesar Chavez）概况。

地点：加利福尼亚州，圣何塞市（San Jose，California）。

面积：约 9300m^2。

时间：建于 1986 ～ 1989 年。

设计师：美国风景园林师哈格里夫斯（Georg Hargeaves）。

圣荷塞广场是在原交通岛的基础上新建的广场，采用隐喻性手法表现城市农业历史和技术进步，充分展示圣·何塞文化和商业复兴的主要形象。广场布局简约，设施得当，景观优美，为市民日常休闲、节日举行庆祝集会和演出等的城市生活提供了充满活力的公共开放空间和宜人场所。

1. 环境分析

广场周边有艺术博物馆、旅馆、会议中心和商务办公楼等一系列公共建筑环绕。设计保留了场地上所有成熟的树木，具有文化历史内涵的语汇（见图9-25）。

图 9-25　圣荷塞广场公园外环境（cn.bing.com）

2. 总体布局

广场公园为狭长形，可分为东南—中—西北三部分。地块两端因道路交通呈半圆形，而各形成了三角形安全岛。园区布局结构清晰，分区明确，功能完善。

为适应与周围主要建筑之间的人流交通线路，广场上以斜交的道路系统为框架，一条宽阔的东西向通道构成广场中明显的轴线，并控制了整体空间布局。

- 东南部　在主路的尽端是两条成锐角的斜路，将人流向南北两个方向分流，由此形成的三角形用地采用硬质材料辅筑，并栽种了树木强调边界。
- 中部　以月牙形的坡地花境和1/4圆弧形的动态旱地喷泉广场为中心。呈方格网状排列的22个动态喷泉隐喻了当地的气候、地质、文化和历史。
- 西北部　有以东西轴线对称布置的四条通道，对称交叉，将西部绿地有序分隔，形成半私密空间。

广场公园景观结构外密内疏，过渡柔和，铺地和草坪树林分块分布，使广场公园景观和城市景观肌理融为一体。表现出后现代主义的特征，它强调场所的历史性、可理解性、可交流性、可对话性和意义的可生成性（见图9-26）。

图 9-26　公园整体景观（google.com）

3. 景观要素

（1）地形。该公园整体地形平坦，中部新月形的斜坡将场地自然划分为两部分，二者间高差约 1.5m，以坡道和台阶过渡，主要道路在此改变高程，斜路与主干道皆穿行于此。西入口处的三角形小舞台高出地面三个台阶（见图 9-27、图 9-28）。

图 9-27　西部三角舞台及旁边的入口（google.com）

图 9-28　公园中部弧形花坛处形成地形的高差变化区
（https://385e281c53d80c958c4a-d460ce610c7fad6b3cb1da8c31b5ee8e.ssl.cf2.rackcdn.com）

（2）交通。公园兼交通岛功能，周围环绕着重要建筑。依据通向周围主要建筑物的人流路径，直线道路斜交成网络框架。主路近于东西走向，形成穿越公园的长轴。公园东侧有一分岔路与主干道成锐角相交。西部有以东西轴线对称布置的四条园路，将西部绿地有序分隔（见图9-29）。

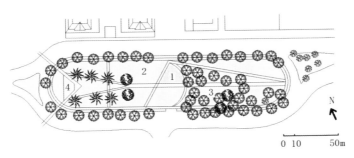

图9-29 总平面图（参考网络图片绘制）

1－旱喷泉广场；2－大草坪；3－树丛；4－露天舞台

（3）水体。旱地喷泉的铺地为方形网格阵列，这些网格的交汇点为喷泉的喷出孔，起着点景的作用，使喷泉成为视觉焦点。同时这种叠合方式形成的立体水景可以增加三维空间的层次感。22个喷头安置在网格交点上，旱喷隐喻着城市发展过程中的一种水井，代表了基地过去的农业历史。喷泉由程序控制，早上呈雾状，然后逐渐由矮喷注变为较高的水注后循环。夜晚，铺装分割带下安装的灯光照亮水柱。旱喷泉不仅供观赏，还吸引人们与水建立联系，尤其是儿童，喜欢在雨水中嬉戏玩耍（见图9-30）。

图9-30 网格式布置的喷泉（upload.wikimedia.org）

（4）植物。广场公园中除了场地和道路外，其余用地均为草坪，图底关系清晰可见，整体环境整洁、简约。公园植被覆盖率为40%，采用草坪＋乔木的植物配植。场地四周由高大整齐的单排乔木围合，形成半通透的边界，使场地与外界之间无论是形式还是视线方面都有呼应。公园东南部形成林荫空间，乔木浓密，林下局部布置花灌木，规整有序；中部新月形的斜坡上种植着四季变换的花草；西部为疏林草地，开阔自然。

（5）铺地。道路和场地以混凝土铺筑为主，有菱形、方形和矩形拼贴，局部还铺筑砖块，色调和谐，大小、质感变化适度。

（6）活动设施。在公园的西北部，两路交叉构成三角形场地，布置了表演舞台，可开展中小型露天音乐节；中部的喷泉广场公园为游人提供娱乐场所。路旁设维多利亚风格的路灯和长椅，这些旧式的灯具和座椅隐喻着城市300年的历史（见图9-31）。

图9-31　中部北入口（s3-media3.fl.yelpcdn.com）

4. 游人行为

中心新月形花带和旱喷广场一起构成开阔空间区域，供游人休息和观赏。游人在这里沐浴阳光，放松精神，坐憩、拍照、游玩。旱喷泉不仅供观赏，还吸引人们亲水娱乐，尤其是儿童可以在水中嬉戏玩耍。作为旱喷泉的对比空间，东南部果木繁茂庇荫、幽静，林下空间氛围更为私密，成为分隔中部旱喷广场喧闹的屏障。

9.5　卡拉瑟斯公园

卡拉瑟斯公园（Caruthers Park /Elizabeth Caruthers Park）概况。

地点：美国，俄勒冈州，波特兰市（Portland，Oregon）。

面积：约 8093m²。

时间：2009 年建成。

设计师：哈格里夫斯（George Hargreaves）事务所，主要负责人 Jacob Petersen，景观顾问 Lango Hansen 景观设计事务所，艺术家道格·霍利斯（Doug Hollis）完成"Song Cycles"装置设计。

公园基地曾是威拉米特河沿岸的工业区，经政府开发后，已成为高楼林立、功能多元的综合性区域。设计师在极有限的场地上为人们呈现了多样化的自然景观，本设计将生态融入了当地环境，还提供了一系列灵活的公共空间，为游人体验生态环境提供了合适的场所，公园服务对象包括当地人们、新兴的企业以及附近的俄勒冈健康和科学大学社区等约 10000 人。

1. 环境分析

公园处于新区中心，面积较小，东邻威拉米特河，西为停车场，北邻 SW Curry 大街，南邻 SW Gaines 大街。保证公园长期具有灵活性及生态的可持续发展性是设计的重点内容。当地常年多雨，因此草坪处于朝阳且受雨水冲刷较少的位置；河流和周边的塔楼在一定程度上影响了场地内的风向和光照，南部建筑物在公园内会产生大面积的阴影（见图 9-32）。

图 9-32　公园位置图（hargreaves.com）

2. 总体布局

公园设计与波特兰市的公园和娱乐部、地区艺术与文化协会以及当地社区密切合作，权衡多方需求，充分考虑了不同群体对这一区域的规划期望。表现特点如下。

艺术是风景园林之灵魂，用极简主义的手法，追求纯净的设计。

　　充分考虑了周边的塔楼对场地内的风向和光照的影响，关注为人们的娱乐休闲活动提供舒适惬意的微气候设计。

　　该基地平面为长方形，设计在运用景观设计学原理的同时关注生态体验和节点的设计。公园规划成三处各具特色的部分（见图9-33）。

　　（1）休闲草坪。位于公园中部，空旷、规整，适于游人自由活动。由于波特兰市常年多雨，草坪必须处于朝阳且受雨水冲刷较少的位置。休闲草坪是该项目中面积最大的开阔地带，为人们休闲娱乐与节庆活动提供了充足的空间。

　　（2）都市花园。位于公园北部，地表植被较多，只有几处由遮阴植被形成的岛状区域，这些植物岛形成了活动空间的节点，其中包括以下部分。

- 喷水池　互动式水景让人联想到场地西北部的小溪中的脚踏石。
- 娱乐区　设有大型原木，呼应波特兰市的历史。
- 聚会区　地掷球场占据了场地内大部分的面积。

　　都市花园由大量的植物沿曲线栽植而成，与周边的高楼大厦直线型形成鲜明对比，成为区域内的地标景观，栽植区和水循环系统的设计展现出场地内水体流动的路线。

　　（3）自然景区。位于公园南部，和都市花园之间具有相反相成的空间关系，自然景区空间内植被繁茂，但雨水处理区植物较少。

图9-33　公园全貌（ndagallery.cooperhewitt.org）

　　尽管公园用地面积有限，但景观十分丰富。作为周边地区重要的集会场所，公园内还设有零售店，从而吸引了更多的游人（见图9-34）。

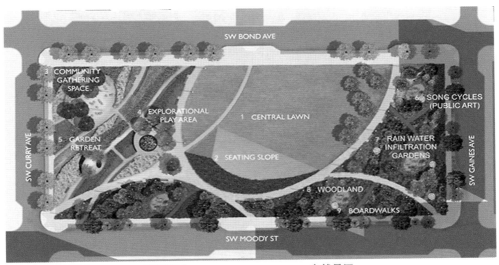

休闲草坪　　　　都市花园　　　　　　　　　自然景区

图 9-34　公园平面图（google.com）

1- 中央草坪；2- 斜坡坐席；3- 社区聚会空间；4- 探索游戏区；5- 休闲花园；
6- 歌曲之轮（公共艺术）；7- 雨水花园；8- 林地；9- 木栈道

3. 景观要素

（1）地形。整体上相对平坦，坡地较缓。多功能草坪的局部有变坡，西高东低，且比周边区域的地势略高，人们在此可以看到几个街区以外的威拉米特河河岸，在视觉效果上公园与河岸连成了一片。

（2）铺地。植被覆盖面积大于硬质铺地面积。公园主路为浅灰色花岗岩铺筑而成；都市花园以植物沿曲线栽植而成的游览路径，由樱红色花岗岩铺筑，轻盈舒展，富有自然意趣；社区聚会空间采用棕红色花岗岩铺筑，明朗现代，且空间开阔，实用性强；互动水景区由暗褐色瓷砖铺筑而成，上面嵌有大量圆滑的脚踏石，浅褐色瓷砖规则地铺筑在圆形互动水景区周围。自然景区由木质步道贯穿，和谐宁静；木栈道上提供木质座椅与整体环境相呼应并供人们休息；公园铺装与各功能分区的氛围营造相呼应，更显精致、和谐。

（3）座椅。不同形式的座椅设置在不同的区域。木栈道两侧设置了大量的木质座椅；互动式的喷泉区设有大型原木座椅，呼应波特兰市的历史。聚会区提供充足的可移动的座椅，适用于大多数用户，更加人性化，重点关注老年人或其他有膝盖、臀部或脚踝问题的人需要，配置手握扶手，让自己可以坐下或者坐在合适的位置（见图 9-35、图 9-36）。

图 9-35　铺地和座椅（mir-s3-cdn-cf.behance.net，langohansen.com）

图 9-36　架起的道路铺装——结合雨水系统设计（farm5.staticflickr.com）

（4）植物。公园内植物种类丰富，采用自然式植物种植方式，体现了大自然植物群落的自然之美。都市花园和自然景区依照当地生态系统模式而建，绿化程度极高，并充分强调了太平洋西北沿岸湿地花园和原生森林的重要地位（见图 9-37）。

自然景区集中展现了太平洋西北海岸郁郁葱葱的绿色景观，以茂密的森林景观为主，并在其间设计几片小型的开阔地作为点缀，西部红雪松、剑蕨和俄勒冈葡萄等当地植被构成了林地的主体，耧斗菜、荷包牡丹及卡马夏等植物巧妙地反映出了场地内四季景色的变换。

都市花园的植物岛，分层缩短了视线空间，增强了趣味性，同时增加了舒适度和亲密性。大规模种植了岩蔷薇、麦冬草、红山茱萸，使花园隐没在绿树中，营造出一片静谧的空间。

图 9-37　雨水花园（langohansen.com）

（5）景观小品。代表性小品 Song Cycles，道格·霍利斯（Doug Hollis）设计，布置在公园西北处的小广场中，设计灵感来源于一张历史性照片，上面有一个在附近站点休息的骑自行车的人。"Song Cycles"是一个带有一些金属"杯"的超大自行车轮雕塑，随风旋转，产生的声音活跃了路边的空间，拉近了人与"风"之间的距离，为游园之旅增添了不同寻常的乐趣（见图 9-38）。

图 9-38　Song Cycles 雕塑（asla.org）

（6）水景。圆形互动水景位于公园的都市花园区。水底由暗褐色瓷砖铺筑而成，瓷砖上嵌有 24 个高度不一且圆滑的脚踏石，脚踏石带有喷淋和汀步功能，侧面带有圆形小孔，可喷溅出水柱，游人可以触摸到清爽的水流，体验到触觉刺激，增强了趣味性（见图 9-39）。

图 9-39　小水景（commons.wikimedia.org）

（7）雨水系统。同时，公园的整个区域的地势普遍高于泛滥平原，进而改变了场地原有之峡谷滨水景观，公园的设计有利于雨水的渗透，渗透花园与城市现有的暴雨治理系统相呼应，形成了小型的排水网，成为暴雨治理系统中不可分割的组成部分。暴雨过后，公园的地表积水通过四个地势较低的花园渗入地下，进行自然过滤，最终汇入威拉米特河。都市花园内喷泉渗入的水也会流向这几个区域。既保证花园能够得到及时的灌溉，也有助于保持太平洋沿岸低地良好的植被生长环境。这可以有效地控制住威拉米特河的水量，并远远超出了城市暴雨治理系统设定的要求。该项目将景观设计与项目的功能自然地融合在一起，为该地区的公共空间设计与规划树立了典范（见图 9-40）。

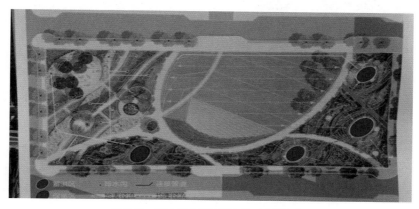

图 9-40　雨水渗入区和雨水沟（来源网络）

4. 游人行为

多功能公园，能吸引大量的游人。在公园的中心草坪西部，有一斜坡供人们休闲活动，人们可以自由奔跑、玩耍、遛狗、表演、策划活动、坐在草坪上晒太阳或观赏威拉米特河走廊的景色。在夏天，甚至可以坐在这里在大型充气屏幕上观看电影。

园内社区聚会空间提供的可移动的家具供游人休憩，灵活且人性化。

交互式水景为孩子们提供了一个可以玩乐和降温的地方。

自然林地包围公园的南部和西部，林间木栈道提供了安静凉爽散步空间，雨季来临时，木栈道下面的雨水在花园里自由流动。夜晚还有景观灯照明。每周四下午设有季节性农贸市场。

由于让不同年龄段和不同行动能力的人活跃于大自然中。Elizabeth Caruthers 公园在高密度的社区中帮助人们实现社区健康目标（见图 9-41）。

图 9-41　公园全貌（www.google.com）

9.6 坎伯兰公园

坎伯兰公园（Cumberland Park）概况。

地点：美国田纳西州纳什维尔市（Nashville，TN）。

面积：约 26300m²。

时间：2012 年开放。

设计师：哈格里夫斯事务所（Hargreaves Associates + EOA Architects）及 EOA 建筑事务所（EOA Architects）。

坎伯兰公园是由荒废的工业和商业用地改造的供城市人们休闲、娱乐的城市公园。因 2010 年田纳西州洪水泛滥，该用地基址和河流的关系变得十分敏感。为确保公园不再遭受洪水的侵蚀，公园恢复了原本的河岸，通过棕地整治、洪泛保护、雨水收集、提高生物多样性、诠释文化和自然资源等方式，实现可持续性发展。为提高城市的生活质量，促进城市健康发展做出贡献。

1. 环境分析

公园外轮廓为不规则带状，西邻坎伯兰河，北为谢尔比街（Shelby Street）大桥，许多现存的工业结构被完好地保留下来并重修（见图 9-42）。

图 9-42 公园外环境（eoa-architects.com）

2. 总体布局

公园以儿童活动为中心，吸引了来自各个阶层的家庭，辅以露天剧场提供聚会、表演空间。公园主要分为露天剧场、安静游览区、文化娱乐区、儿童活动区、临时足球场地、滑雪公园和溜冰场等，满足了不同年龄群体、不同爱好者的需求。

空间布局上，公园分两大部分，并分别由丰富的地貌围绕。

- 公园西部以棚架和草坪构建的露天剧场为核心。
- 公园东部以喷泉凹地为核心。

外部交通，鼓励非机动车交通和公共交通，不提供额外停车区；园内采用新的循环路网包括林荫大道、滨海大道，串联和组织公园各个要素。滨海大道是一条 18 英尺（约 5.5m）宽的步行长廊，行于其上，可以俯瞰被修复的河岸栖息地、重修的龙门架、一条伸向河边可观看过往船只的步行小道以及一个雨水收集池（见图 9-43、图 9-44）。

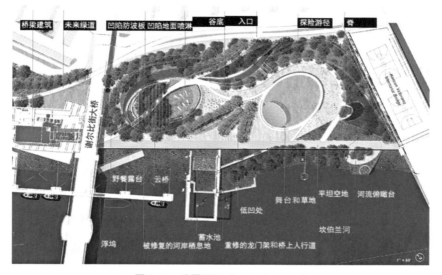

图 9-43　公园平面（landezine.com）

图 9-44　核心景观（landarchs.com）

3. 景观要素

公园设计的灵感来自田纳西州多样的地质特征,结合现状环境资源,包括水、阳光、石、草、树木、山脉和山谷等要素,设计建造的一处城市公共开放空间景观。

（1）地形。坎伯兰公园地形变化丰富。公园用地原为船坞等设施用地,后被停车区和建筑垃圾废料覆盖。公园建造之初,为了减少废料外运处理的费用,将原有垃圾废料和公园建设中新产生的废料密封处理,并塑造了新地貌,包括波浪形的土丘、谷底、坡脊、凹陷的地面喷淋、平坦空地与斜坡草坪这些富有活力的地形穿插分布在公园内,增强了游园的趣味性。

（2）铺地。地面铺筑材料种类较多,总体上植物覆盖面积多于硬质铺地。园路铺筑材料以花岗岩砖、砂质为主,颜色较浅,轻盈舒展,同时耐磨,实用性强;部分小路为裸露的沙土。下沉的地面喷淋广场以深灰色和浅灰色地砖拼接而成,富有趣味(见图 9-45)。

图 9-45　铺装概况（moon.com/wp-content）

（3）建筑。草坪区的露天剧场的舞台,由金属亭和 1550 平方英尺（约 144m²）的可拆卸硬木台构成,用于集会、表演、看电影及举办各种活动。设计师充分考虑了公园的社会性。草坪区可容纳 1200 人就坐。

（4）植物。公园试图重新建立一个原生河岸生态系统,增加植物多样性,减少未遮阴路面,减少反光和热岛效应。公园植物选用都经森林管委会认证,其中 80% 为本地植物,没有选用任何侵略性或对儿童可造成危害的植物。漂浮的植物岛可以过滤和净化水体,循环灌溉。树木遮蔽了大多数的人行道,人们可以漫步于各处的小树林和草地;游戏场边上有很多大树,树下摆放着桌椅,供人们使用;大量运用人造草坪,方便打理,减少管理成本（见图 9-46）。

图 9-46　植物景观（images.fineartamerica.com）

（5）照明。公园照明灯是按照各种星座图案组合的，为公园增添了一份独特的景致。沿着主道路布置的庭院灯为公园提供功能性照明，整夜开启。云桥两侧栏杆的扶手和底部均暗藏 LED 灯带，夜间为云桥营造良好的照明效果。考虑到安全需要，坡道上安装夜景照明，采取地埋灯、踢脚灯或暗藏 LED 的方式。非常值得注意的是儿童戏水场地的夜景照明要保持较高的照度，慎重采用地埋灯，避免集聚的热量烫伤孩子（见图 9-47）。

图 9-47　夜景（eoa-architects.com）

4. 游戏场

游戏场设计强调通过寓教于乐的方式增强孩子们的想象力，并宣传环保意识。对传统的和定制的游具进行创造性地使用，构建能够吸引各年龄层游人的游戏景观，使人感受丰富的体验，自发或有组织地玩乐、探索、学习和冒险活动。

（1）沙地。0～3岁的儿童比较喜欢玩沙，沙的可塑性能使孩子们发挥无穷的想象力和创造力，玩出很多花样来。紧邻沙坑设置了弧形座凳，为照看小孩的家长们提供了便利。就近设置休息设施在儿童游乐场地设计中非常重要，你必须同时考虑到家长们的需求（见图9-48）。

图 9-48　沙地乐园（assets.inhabitat.com）

（2）水景。公园中部有一座云桥蜿蜒拂过，云桥下面有人工水帘、喷泉和浅水滩，人们可以在这里享受清凉，云桥上的游人可以观赏孩子们戏水的场景；巨大的蓄水池上漂浮着一片藻泽，河岸水滨生态景观生机勃勃，与公园里的游戏场人文景观呼应；河面有一条轻便栈桥横跨，在桥上人们可以观看河面上往来的船只；河岸边许多现存的工业结构被保留或修复，诠释独特的历史文化景观，亲切、自然，可以激发游人探索和欣赏滨河历史的欲望（见图9-49）。

图 9-49　戏水乐园（archpaper.com）

（3）滑梯。适合 3 ～ 6 岁的儿童使用，该年龄段的孩子开始形成社会意识并成群结伴地玩耍，逐步建立社交能力。图 9-50 中这种滑面较宽的滑梯方便孩子们比赛竞争。

图 9-50　游戏组合（landezine.com）

（4）攀爬网。适合 6 ～ 8 岁儿童，唤起不同运动反应，是针对儿童喜欢钻、爬、滑等特点设计的复杂结构的游具，可训练儿童的游戏运动的灵活性。

（5）攀岩。设计师专门设计了攀岩石墙，以供游人体验峡谷攀岩的感觉。攀岩有助于锻炼孩子们的勇气和胆量，能培养他们身临其境勇敢地面对困难的品质，感受挑战成功后的喜悦，这对于小孩的身心发展都是有利的（见图9-51）。

图 9-51　攀岩（landarchs.com）

（6）草坡。波浪形起伏的草坡不单为孩子们提供了游戏场地，也方便了家长的看护，大人们也喜欢待在这样的环境中，一边聊天，一边照看小孩玩耍。出于后期维护的考虑，草坡采用人造草皮，因为弧形的草坡不便定期修剪，而且频繁地使用也不利于草地的生长和养护（见图9-52）。

图 9-52　适合 5 岁以上儿童玩的跷跷板、小桥和跨步圆盘（网络图片）

5. 游人行为

坎伯兰公园促进了人们的运动和活动，儿童游戏、成人与儿童结伴游戏、休闲漫步、沐浴阳光、纳凉、欣赏风景、集会、表演、看电影及举办各种活动。

9.7　春街公园

春街公园（Spring Street park）概况。

地点：美国，加利福尼亚，洛杉矶（City of Los Angeles）。

面积：约 2832m²。

时间：建于 2013 年。

设计：洛杉矶市工程局建筑部门完成，建筑师莱勒（Lehrer），结构工程师 John Labib 和 Associates，照明设计师 John Brubaker，水利工程师 Pace Water，电气工程师 Donald Dickerson 和 Associates。

20 世纪 50 年代春街曾经是历史金融中心的两个停车场，现结合多功能住宅区，将停车场改建成小型社区公园，设计力求将一个消极通行空间转化为积极的充满活力的开放休闲空间，强调景观艺术性、耐久性、低维护性，结合智能灌溉系统，雨水收集、净化再利用等实践可持续发展的理念。

1. 环境分析

公园位于洛杉矶第 4 和第 5 大道之间的区块内，西侧为 Spring 街，东面为胡同。公园周围有住宅楼、商务办公楼、银行等中高层建筑群，形成半封闭的 L 形空间。其中一侧连接城市街道，形成内外主要交通通道（见图 9-53）。

图 9-53　L 形地块（soyouknowbetter.com）

2. 总体布局

公园作为市民休闲游憩活动的重要场所，其中的活动设施为游人提供了大量户外活动的可能性。公园分为安静游览区、文化娱乐区和儿童活动区，满足了各种不同的功能、不同年龄人们的爱好和需要（见图 9-54、图 9-55）。

- 对角线路径　半包围的 L 形空间中，红色混凝土路径形成了公园的最长风景线，该路径穿过了公园连接着充满活力的春街，将游人从城市街景带进一片绿野。
- 大草坪区域　简洁开阔，形成小中见大的空间效果。作为一个经典的城市空间，阳光充足，草坪周围围绕着连续铺装的道路、竹篱和景观灯，这里是儿童骑行、成人推婴儿车和休闲绕行的重要空间。紧邻草坪设置了喷泉和儿童游戏场地，增强了听觉和视觉感受。

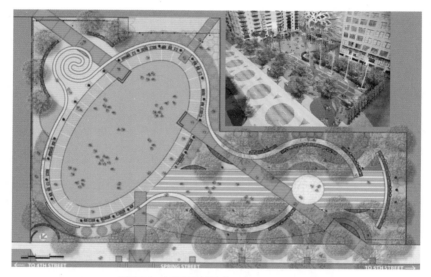

图 9-54　平面示意图（wilderutopia.com）

图 9-55　全景（lehrerarchitects.com）

3. 景观要素

（1）铺地。公园地势平坦，大面积的场地用彩色混凝土和砖铺筑。主路由暖色红砖铺成，视觉效果强烈。游戏场采用耐磨、柔性、防尘的蓝色材料铺筑，明快活泼。其他场地选用质地粗糙、厚实、线条清晰的块料，可以较好地吸收光线，不耀眼（见图 9-56）。

图 9-56　彩色铺装（lehrerarchitects.com）

（2）水景。水池喷泉临近大草坪有硬地相隔，增加了从街道和公园享受视听觉感受的乐趣。水池靠一侧的池壁为高台，适合人就坐亲近水景，另一侧弧线形金属件护栏沿池壁曲线排列，并从顶部喷流出水帘，轻盈曼妙（见图 9-57）。

图 9-57　水景（lehrerarchitects.com）

（3）植物。公园种植形式以规则式为主，局部布置自然式树群。材料以阔叶为主，植竹，常绿风雅；椭圆形草坪构成公园核心。素雅的绿色植物与彩色铺装相得益彰（见图9-58）。

图 9-58　植物应用（e-architect.co.uk）

（4）游戏场。公园的空旷区有供孩童玩耍的娱乐设施，柔软的橡胶材质为玩耍的孩童提供了安全保障，即使不小心摔倒也不容易受伤，地面的色彩带给人愉悦活泼的感受，不足之处在于缺少遮阴的地方。总体来说，其造型、色彩都很符合儿童的心理特点（见图9-59）。

图 9-59　儿童游戏场（lehrerarchitects.com）

（5）座椅。定制的春街椅由 Lehrer Architects 设计，装饰性强，成为人们欣赏每月的"市区艺术行"展览的设施。光线透过穿孔铝板的竹子图案的光过滤器，照射在铝制座椅靠背时，能形成阴影，阳光通过座椅靠背的局部反射，发出恒定的光亮。光与影变换生动有趣（见图 9-60）。

图 9-60　透花靠背座椅和矮墙座（lehrerarchitects.com）（e-architect.co.uk）

4. 游人行为

游人行为反映了春街公园的功能性，观察图片可以看出，春街公园是一个比较符合游人行为心理需求的公园，人们的步行、逗留、休憩和娱乐活动都得到了一定程度上的满足。春街公园给市中心的历史核心复兴带来了第一个巨大的，急需的绿色空间。草坪、操场和座位区，虽然没有足够的空间扔飞盘，但这个小而复杂的公园提供了足够的绿色和座位，值得游人花时间在公园中活动。另外，在公园中遛狗有规则公示。

9.8 哈文赫斯特公园

> 哈文赫斯特公园（Havenhurst Park）概况。
>
> 地点：美国加利福尼亚州。
>
> 面积：约 483m²。
>
> 时间：2009 年建成。
>
> 设计师：Katie Spitz KSA Architects
>
> Roofing and Maintenance：Tremco，Sustainable Technologies Group

公园位于西好莱坞（West Hollywood）Havenhurst 大街，是密集的城市环境中的一处小型开放空间，为人们提供了自然生活的体验。公园力求扩大绿色空间，营造出相对隐蔽、远离城市喧嚣，具有安全感的氛围，还强化了"家"的归属感。

1. 环境分析

公园与密集、紧凑的城市形式相协调，形成了步行街道网格和土地混合使用的模式。公园地下是私人停车库，地上夹于两栋建筑物之间，隐藏在城市结构中，充分利用建筑物的夹缝边角和废弃空间。北侧公寓人们可以直接进入，亲近易达（见图 9-61）。

图 9-61 环境概况（google.com）

2. 总体布局

公园规模较小，基地平面为长方形，三面有建筑围合，一面有出入口与外部人行道连接。公园中三个椭圆形空间和一个圆形空间排列紧凑，其中最西侧椭圆空间内包含一个圆形座椅空间，场地由座位区和植物区组成。公园偏南侧的一条直线型暖色铺装路贯穿全园各空间，并主导了各空间的主要朝向。公园构思独特，注重细节处理，关注游人行为，为游人提供一个舒适的休闲环境，并形成了一个可持续发展的绿洲（见图 9-62）。

图 9-62　全景（greenroofs.com）

3. 景观要素

公园内合理布置座椅、金属架、植物、水景等各种生态元素和独特的听觉、视觉艺术小品等，营造出富有趣味的景观与观景流线（见图 9-63 ～图 9-70）。

（1）地形。东侧出入口向园内拓展为一个抬升的圆形广场，有两级阶梯，圆形阶梯南侧附有半圆形一级阶梯，与内部地面形成高差，将园内空间与繁忙的人行道分开，从而增强了公园的领域感和隐秘感。内部场地较为平坦，中部木栈道形成过渡空间，增强了公园的趣味性。

图 9-63　出入口地形变化（google.com）

（2）铺地。地面铺装材质较多且精巧复杂。

入口台阶为灰色花岗岩，平整并有防滑处理，耐磨实用。

连接入口的园路铺装为防腐木板，暖色，轻盈舒展。

图 9-64　出入口详图（static.wixstatic.com）

东部椭圆形空间为沙质铺地，周围附有花岗岩地砖，沙质铺地可塑性强，具有象征性，同时为儿童娱乐提供场地。

图 9-65　沙地（google.com）

中部椭圆形场地为灰色花岗岩砖铺地，和谐宁静。

西部椭圆形空间为白色花岗岩砖铺地，四个覆盖着深灰色鹅卵石的椭圆形水景平台镶嵌在上面，白色花岗岩砖铺地围绕着平整的草坪与剑麻花池，精致且富有自然趣味。

图 9-66　水景与铺装场地（google.com）

（3）水景。公园内部有四个镶嵌在白色花岗铺地上的椭圆形喷泉水景，深灰色鹅卵石散落在渗水钢架上，喷泉喷头为四个圆柱，分为三个高度。水景设计既节水又美观，游人可以触摸到清爽的水流，增加了触觉感受，增强了趣味性。

图 9-67　小涌泉（google.com）

（4）植物。园内植物种类丰富，多为加利福尼亚本地的耐旱植物，例如，石榴、剑麻、野草莓、百里香等。植物配植自然错落，充满生机。绿植采用节水灌溉系统，体现节能及持续发展理念。

图 9-68　本土植物应用（farm4.staticflickr.com）

（5）景观小品。地球之耳，园内安放的一台由艺术家史蒂夫·罗登创造的带有铸铜基座的老式维多利亚留声机。在听觉设计上，将城市背景音和水景声音相融合，每天定时播放，在 25 英尺以外就可以隐约地听到它的声音，增加公园浪漫情调。

图 9-69　小品（google.com）

4. 游人行为

公园是一个在城市中很受欢迎的"绿洲"。亲近易达，园内较为安静，游人或坐下休息或漫步在木栈道、曲径上，穿过各类的风景，例如"沙漠""山""草花园"等，设计含蓄地模拟自然；广场为人们提供大量的座椅和开敞的集会休闲空间；游人还可采摘植物果实，触摸水景，增强了参与性，但公园缺少遮阳设施，夏季光照强烈，游人较少。

图 9-70　游人活动（google.com）

9.9 波士顿邮局广场公园

波士顿邮局广场公园（Boston's Post Office Square park）概况。

地点：波士顿。

面积：约 6880m²。

时间：20世纪80年代设计改建，1997年改名为Norman B. Leventhal，2014年获ASLA专业奖项。

设计师：SOM和霍尔沃森公司Jung Brannen Associates，Ellenzweig，CBT Architects。

公园位于波士顿金融区活跃的公共开放空间，被誉为"完美的乐园"。原停车场改在公园地下，是现代设计与城市环境相融合的范例。吸引人们到城市环境中体验大自然。

1. 环境分析

地处繁华热闹的商业中心，公园周围被4条单行街环绕，外围是高密度的甲级写字楼。公园用地十分珍贵，与公园周围密集的城市肌理形成鲜明的对比。公园是理想的公共空间，已经成为附近的工作人员理想的午餐场所，是来往游人休闲、安静地坐下休息或欣赏周围的人及风景之所，也是突发灾害时的避难所。公园设24小时值班室、汽车修理部等，昂贵停车费成为维持公园日常经营开销的重要来源（见图9-71）。

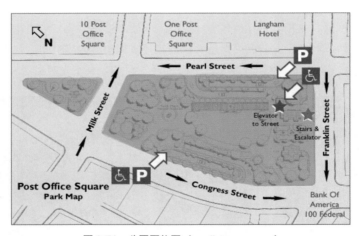

图 9-71 公园区位图（media.xogrp.com）

2. 总体布局

公园平面为楔形，北部窄、南部宽，整体可分为3部分。

- 中部 草坪和花园格架共同组成公园中心空间。
- 北部和南部 喷泉广场和咖啡餐厅，布置座椅和凉亭，接纳游人和商业区的上班族。

从公园中可以清晰地看到周围的街道，公园与相邻街道均有入口，东西两侧入口主要联通地下车库，南北两侧入口入园，特色各异，具可识别性。南入口有两处标志性建筑即咖啡馆和车库入口，北入口通向喷泉广场，引人入胜（见图 9-72 ～图 9-74）。

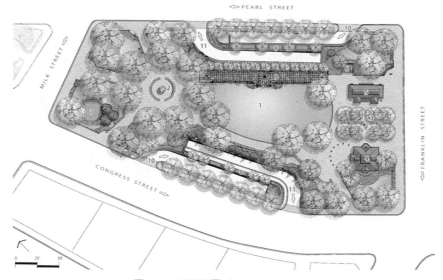

图 9-72　总平面图（en.wikipedia.org）

1— 大草坪；2— 北广场和喷泉亭；3— 南广场和喷泉亭；4— 咖啡屋；5— 自动扶梯通向车库的入口；
6— 直梯通向车库的入口；7— 进气口；8— 出气口；9— 廊架；10— 车库入口坡度；11— 车库出口坡道

图 9-73　夜景（gooood.hk）

图 9-74　小公园全景（lemessurier.com）

3. 景观要素

公园丰富的设计细节为人们提供了视觉享受（见图 9-75 ～图 9-86）。

（1）建筑。

- 地下车库　车库为多层，每层绕着中央的电梯核心，从停车层的任何地方都能看见。停车场规划成格子状，车库北端的快速内坡道方便汽车在层间移动。

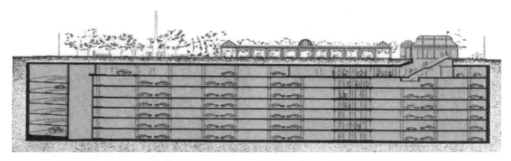

图 9-75　车库剖面图（见图片来源：GayleBerens《城市公园与开放空间规划设计》）

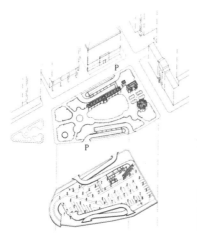

图 9-76　车库出入口剖面图
（lemessurier.com）

图 9-77　车库地面车行入口（archpaper.com）

　　车库地面人行入口建筑为绿色屋顶，框架结构，近白色柱与格栅，与旁边的廊架相协调，轻盈优雅，内部设有进入车库的自动扶梯，可兼做休息亭，遮风雨，防日晒。

图 9-78　车库地面人行入口（来源网络）

- 咖啡屋　位于南广场，全年营业，是公园中的特色建筑，绿色屋顶，有可移动双玻璃门和金属结构，通风良好，能灵活应对季节变化，也可以接纳更多的游人。

图 9-79　咖啡屋（cdn1.bizbash.com，manseekingcoffee.com）

- 廊架　长 143 英尺（约 43 米）的花园格架，连接南北两个广场并提供了一个可以遮荫的散步长廊。可作为中央草坪的背景，也可创造半私密空间，与开阔草坪形成对比。

图 9-80　廊架外景（weddingmapper.com）

图 9-81　廊架内景（asla.org）

- 喷泉亭　雕塑家 Howard Ben Tré 设计的喷泉亭，成为北部广场中的视觉焦点。绿色的压铸玻璃、青铜和花岗岩构成喷泉主体材质，充分展示景观艺术。

（2）水景。喷泉亭中的水景采用计算机控制、按风速反应的喷管技术，变幻莫测的水流喷射形状增添了趣味和惊喜。外层低矮的环水喷泉和游人形成良好的互动，人们可以近距离接触水。

图 9-82　喷泉亭（i0.wp.com/landscapenotes.com）

（3）植物。公园植被覆盖率约达到 50%，超过 125 种植物。0.5 英亩（2000 平方米）的开放草坪位于园内阳光最充足的地方。周围被大型落叶树的林冠环绕。园中乔—灌—草所构成的自然配植，不仅将公园同周围的街区分隔开，也为游人提供了丰富多彩的四季观感体验：3 月榛子花，4 月蝶状兰花和连翘属植物，10 月有红枫叶，1 月有挪威云杉和冬青浆果。园内还有红橡树和两个巨型柏树，花园格架被大面积的葡萄藤覆盖。

图 9-83　夏季公园草坪区（wikimedia.org）

图 9-84　秋季公园植物景观（cdn.c.photoshelter.com）

（4）铺地。大面积使用红色透水砖，清新质朴透水性高且消音效果好。行人大量穿行的园区主路铺地多以编织法铺筑；喷泉广场内则围绕喷泉环绕铺筑。

（5）座椅。公园 700 英尺（约 210m）长呈直线型雕塑一样的花岗石基座为游人提供了舒适的座椅；而这类大理石基座的设计也为一种新兴的城市运动——滑板提供了最合适的运动场地，大理石基座的各角被斜切 1 英寸（254cm），滑板爱好者不仅可以以任意角度滑行，且不会对公园设施造成损坏。在公园其他位置设有木质和铁质的靠背扶手椅，游人在休息时可以更加舒适。

图 9-85　木质座椅（rizviarchitects.com）

矮墙结合座椅是公园设计细节的表现之一。矮墙作为半通透的边界，也可作为休息座椅，对公园内部具有一定的安全防护功能，还便于路人享受公园的美景。

图 9-86　金属座椅（asla.org）

4. 游人行为

阳光充足的中央草坪是游人的最爱。在这一园区中人们选择放松精神：坐憩、仰躺、拍照、听听室外音乐或者举办一次草坪野餐。环绕北广场喷泉雕塑的大理石基座则方便游人观赏水景、戏水拍照。花园格架下聚集了休憩、静养、阅读的人群。相比中央大草坪的空间，这里的氛围更为私密：茂盛的葡萄藤制造的大片阴凉、成排的玉兰树成为阻挡东侧街道喧闹的屏障。咖啡馆附近聚集了周边商业中心的上班族，交谈、工作、餐饮、休憩。

9.10 克莱德沃伦公园

克莱德沃伦公园（Klyde Warren Park）概况。

地点：美国得克萨斯州达拉斯市。

面积：约 21039m²。

时间：2012 年。

设计师：杰姆斯伯内特工作室（The Office of James Burnett）托马斯菲佛和合作伙伴（Thomas Phifer and Partners）麦卡锡团队（McCarthy and the project team）。

公园横跨一条繁忙的高速公路，是连接郊区和市中心的步行公园，将城市车行文化过渡到了步行文化，并成为城市中心的公共开放空间，融汇了城市传统和现代、文化与商业的智慧和设计要素。

1. 环境分析

公园用地横跨两个城市街区，毗邻美国最大的连续的文化区，包括艺术广场、艺术学校、音乐厅、博物馆等大量的艺术公建和设施。公园成为当地的艺术展示的载体，促进住宅区、商业区和艺术区的发展及沟通连接（见图 9-87）。

2. 总体布局

公园中布置了大草坪、景观花园、儿童游戏场、狗园、建筑和水景等。一条散步道贯穿全园，使人们有机会使用各种设施，包括一个室外阅览室、桌游区和一个小球洞区。公园功能多样，布局充分利用了有限的空间，将多种娱乐休闲设施容纳其中，同时公园空间层次丰富，曲线道路、直线道路将空间划分成三个部分，娱乐活动区、草坪区、树林穿梭广场。

- 北侧　由表演舞台、儿童游戏场、餐厅和小型广场作为公园的娱乐空间。
- 中部　东西贯通的大草坪，东草坪是公园活动和娱乐的地点，包括羽毛球场。
- 南侧　是以绿化为主的绿荫通道及停车场（见图 9-88）。

图 9-87　公园全貌（www.douban.com）

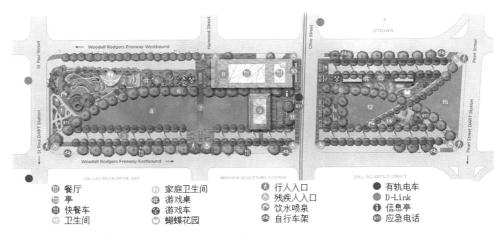

图 9-88　公园平面示意（https://www.klydewarrenpark.org/Park-Map/index.html）

1—植物园；2—儿童公园；3—廊道；4—Ginsburg Family 大草坪；5—晨报阅览室和游戏室；6—散步道；
7—Hart 大道；8—Nancy Collins Fisher 展馆；9—Muse Family 表演馆；10—西南门廊；11—Moody 广场；
12—东草坪；13—Cigna 捐赠的公有物；14—好友公园；15—Pearl 草坪

3. 景观要素

公园整体性强，大草坪与丰富多元的活动空间相结合，通过鲜明色彩的座椅、简洁的建筑和季相植物等，营造出公园优美的景观和活跃的氛围（见图 9-89 ～图 9-102）。

（1）地形。草坪与道路平坦；西北侧与东南侧的游戏场地有较小的地形起伏，为儿童游戏增添了趣味性和多种可能性。

图 9-89　儿童公园丰富的地形与水景（architecturalrecord.com）

（2）铺地。以浅灰色水泥砖和红色花岗岩铺筑为主，砖红色的沙土搭配大面积的绿色草坪；小部分的暗灰色水泥砖铺地为点缀其间。

图 9-90　多样自然的铺装（kollectif.net）

（3）建筑。曲线形式居多，以白色为主，配以其他色彩，丰富又和谐。公园的整体风格统一、简约。中部大草坪上设置了一座银色金属亭兼作表演舞台，圆柱，金属遮阳顶；公园南北分立两列白色拱廊；东北部有两处白色亭间隔排列。

图 9-91　亭兼作舞台（media-cdn.tripadvisor.com）

图 9-92　拱廊（i1.wp.com/www.kidsonaplane.com）

图 9-93　北部凉亭兼作展馆（www.klydewarrenpark.org）

图 9-94　北部小凉亭（ad009cdnb.archdaily.net）

（4）水景。公园有两处水景，一个在舞台表演区，长方形的浅水池，低于脚踝高度的水面。另一个在儿童公园中，以周围凸起的小地势围合的曲折形态的浅水池结合小喷泉。

图 9-95 喷泉浅水池（landscapeperformance.org）

图 9-96 儿童公园喷泉与浅水池（ad009cdnb.archdaily.net）

图 9-97　连续水景供儿童戏水（www.mccarthy.com）

（5）植物。达拉斯地处温带大陆性气候区域，四季分明，园内以当地植物材料为主，植物配植充分展示季相变化。以银杏和美国白蜡为主，柏树为辅；间有桃树、杨树等落叶乔木，当地各类的草本植物极其丰富。另外，公园内较安静的地区布置了小植物园，风化花岗岩步道引导公园游人细读当地的植物物种，令人惊喜的是这里四季有花点缀。

图 9-98　小花园（klydewarrenpark.org）

图 9-99　林荫道（ojb.com）

图 9-100　小植物园（landezine.com）

（6）座椅。公园座椅形式多样，有木制条凳，大理石、花岗岩长椅，可随处移动的五颜六色的简易座椅等，供应充分，充分体现了人文关怀。

图 9-101　多种形式和材料的座椅（media.nbcdfw.com）

图 9-102　座椅（visitdallas.imgix.net）

4. 游人行为

游人活动类型丰富，可以散步、用餐、游戏、亲子活动、休息、遛狗、在草坪上野餐等个体或组群活动，也可集会、瑜伽训练、舞蹈或象棋比赛、观电影和音乐会演唱会等群体活动。公园生机盎然（见图 9-103）。

图 9-103　儿童活动（buildabetterburb.org）

9.11 北京五道口"等待下一个十分钟"中心广场

项目位置：中国北京市海淀区成府路、展春园西路路口
设计时间：2015 年 4 月～ 2015 年 8 月
施工时间：2015 年 9 月～ 2016 年 5 月
项目面积：3600 ㎡
景观设计：张唐景观

1. 环境分析

广场位于在北京五道口宇宙中心一个商业中心前停车场内,成府路、展春园西路路口。用地原为铁路和城市道路的交会处,交通繁忙,周边居民区和学校较多,商业繁华,人流密集,该广场成为人流集散地,将停车场局部改成休闲景观空间后,该地又承担了作为休憩活动的公共开放空间功能。

图 9-104 项目区域分析图

2. 总体布局

广场呈长方形,由转盘喷泉、旱喷、树、广场看台、休闲台地、集装箱售货亭及自行车棚构成,场地整体分娱乐区、戏水区、休息区,绿化区和售卖区。整体规划融入了宇宙、时间和生命的概念,是一个现代的、能与人互动的有趣味的景观场所,为周边环境区域带来了更多的生机活力。

- 娱乐区　包含一个互动性、趣味性强的宇宙转盘,时间与空间结合设计。台上同时点缀随着时间行走而缓慢变化的植物和水景,为来往人群和顾客在此休息、交流提供空间,使场地成为一种文化符号。

- 戏水区　三处喷泉浅水池为往来游人提供亲水嬉戏的机会，以水作为"铺地"材料，使场地景观更加奇妙。
- 休息区　位于广场东侧，以石材和木质的阶梯状平台供人坐憩，巧妙地划分了广场与停车场空间，广场西侧为树池坐凳。空间在视野上并无太多遮挡，给人以通透之感。
- 绿化区　座椅边栽植的树木带来了自然意趣，也为游人提供遮蔽阳光的绿荫。
- 售卖区　由颜色鲜明的集装箱构成的售卖区为休憩的游客提供便利。

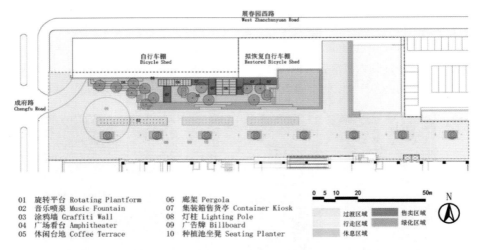

01	旋转平台 Rotating Plantform	06	廊架 Pergola
02	音乐喷泉 Music Fountain	07	集装箱售货亭 Container Kiosk
03	涂鸦墙 Graffiti Wall	08	灯柱 Lighting Pole
04	广场看台 Amphitheater	09	广告牌 Billboard
05	休闲台地 Coffee Terrace	10	种植池坐凳 Seating Planter

图 9-105　分区平面图（www.gooood.hk/waiting-for-the-next-ten-minutes 参考绘制）

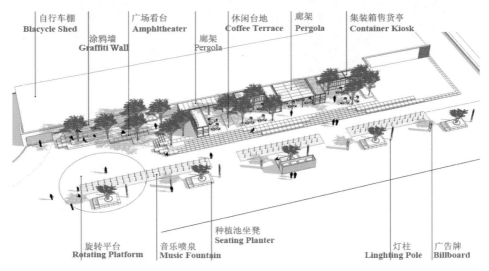

图 9-106　分区透视图（www.gooood.hk/waiting-for-the-next-ten-minutes）

3. 景观要素

（1）地形。广场内部地形平坦，但边缘与外部地面有高差，高差将园内空间与繁忙的人行道分开，增强了公园的领域感和隐秘感。座椅区利用高差与平坦的广场区地面形成鲜明对比，增强了公园的趣味性和层次感。

（2）铺地。大面积的步行区域使用深灰色和浅灰色两种颜色的花岗岩砖，呈长条状相间铺筑，既有对比，又统一和谐，现代感强，铺地耐磨，实用性强。局部铺装用防腐木，结合台阶、树池和座椅功能，亲切、舒适。

图 9-107　广场全貌（www.gooood.hk/waiting-for-the-next-ten-minutes）

（3）浅水池。丰富而又具有特色的水体能为整体景观增添许多典雅活泼、高潮迭起的效果。广场中的水景每小时内定时有十分钟的喷泉，其余的五十分钟内，水体呈静态浅池，人可以进入戏水。亲水性、趣味性强，令人愉悦。水池与周边铺地高差很小，从远处看成为一体，在北京的春秋冬季节，将水排干，水池与周围铺地融为一体。

（4）宇宙转盘。广场北侧的圆形旋转装置也配有水池喷泉，是一处表达时间与空间结合的设计，如同钟表，宇宙转盘的转动一周有五十分钟，当转盘里的这组泉和树回到原来的位置时，泉水开始涌动，喷水持续十分钟。然后继续转动。景观具有强烈的仪式感，游人可以触摸到清爽的水流，极具趣味性。转盘上面有一棵树，一方座椅，像是标尺，让人们清晰地感觉到转盘的位移和景观的变换。在喷泉东侧设有休闲座椅，游人可休憩，也可赏戏水景观。广场夜间配有灯光营造的景观氛围。

图 9-108　公园水景（http://www.gooood.hk/）

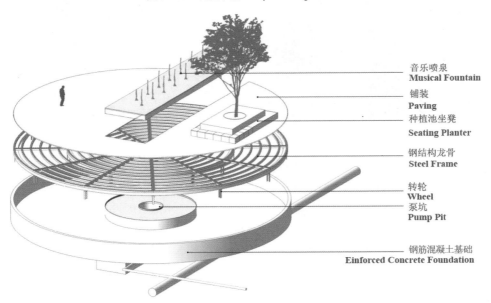

音乐喷泉
Musical Fountain

铺装
Paving

种植池坐凳
Seating Planter

钢结构龙骨
Steel Frame

转轮
Wheel

泵坑
Pump Pit

钢筋混凝土基础
Einforced Concrete Foundation

图 9-109　宇宙转盘（http://www.gooood.hk/）

（5）植物。植物种植较为简洁，共有 15 棵白蜡树和 8 棵灌木，白蜡树散落分布在景观台阶处和售卖区点缀广场，夏季可遮荫，为广场增添自然生机；灌木呈一列排布在广场南部座椅处，灌木周边有小叶黄杨填充空间。

（6）座椅。公园内座椅可以分为三部分。靠墙阶梯式座椅，分布在广场东侧，利用墙体巧妙地划分了广场与停车场空间，这种座椅接触面以防腐木为主，阶梯式高低错落，既可供人行走，又能供人休息使用，多级台阶为儿童攀爬活动提供了可能，拓展了自发性活动空间。台阶选用石材和木质，供人坐憩；石砖高低错落形成的座椅，具有一定随机性，高低错落，可以让人主观地寻找适合自己的高度；以树为中心的包围式座椅，分布在广场南部，一字型阵列排开，共8组，便于人们亲近自然。

图 9-110　台阶兼座椅（http://www.gooood.hk）

195

图 9-111 圆树池结合座椅

（7）照明设施。

- 台阶灯 台阶侧面埋设光源，光照范围小，在夜晚起到提示人们安全的作用。
- 树下灯 将灯藏在灌木丛中，向树的上方打光。
- 地埋灯 主要用于水景部分，水的折射减弱了灯光，增加了光照范围，丰富了景观效果。
- 引导灯 像在地面上形成的小型动画，引领着人们行走的方向，并增添景观情趣。
- 月光灯 灯藏匿于树上，向上或向下打光。

图 9-112 多种照明方式

4. 游人行为

游人行为多样。由于位于商业中心前广场，而且周围人流量较大，加之广场中的交互式水景、宇宙转盘等创新设施，增强了景观的仪式感与戏剧性，吸引游人，尤其是更多的小朋友来此游玩，夏季戏水成为最有趣的活动；平时人们主要聚集在台阶式的座椅上和围绕树周围的座椅处休息，少量在石砖台阶处临时休息、观景或在广场中散步；当广场成为临时的表演舞台或者小型活动中心时，人们又可以观看表演或参与活动。

9.12 上海 KIC 创智公园

创智公园概况。

地点：上海创智坊

面积：1100m²

时间：2009 年

设计师：Francesco Gatti

设计单位：3GATTI

公园位于上海市中心（见图 9-113），复旦大学和同济大学的学生创智坊入口处，人流密集，设计师利用一个翻折的木制地板体系，致力于满足公共空间中的各种功能需求。在形式感、与人互动感、功能的多样性等方面的创新设计，以及在材料使用、绿植景观、维护管理、与环境关系处理等方面的不足，给国内小公园实验设计以启示。

图 9-113 位置图

1. 环境分析

创智公园位于三条主要城市干道相交处，形成三角形。周边有大型美食城，高校，购物街，居住区众多，人流量较大，易达，公园使用率高，重点解决交通与休憩的矛盾。

2. 总体布局

公园采用偏规则式布局，大面积的翻折的木质平台铺满整个用地，在平台中穿插相互联系的景观绿地空间，使整个空间结构简洁、整体性强，块状分布的种植池巧妙处理了公园与交通的关系。使公园四面通透，开合有致。休憩空间与通行空间相互穿插。简洁明了，实用性强。直线处理视觉上削弱了三角场地带来的不适感。公园可分为快速通过区、躺卧休息区和商业摊位区等，主次明确，动静活动互不干扰。

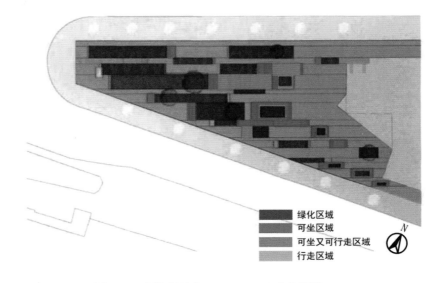

绿化区域
可坐区域
可坐又可行走区域
行走区域

图 9-114　用地分区（10.aeccafe.com 参考绘制）

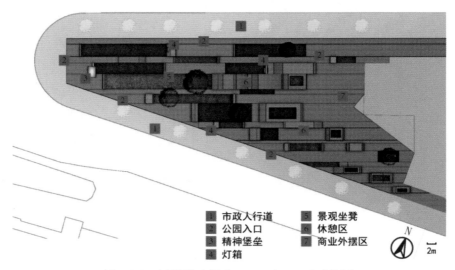

1 市政人行道　5 景观坐凳
2 公园入口　6 休憩区
3 精神堡垒　7 商业外摆区
4 灯箱

图 9-115　主要设施布局（10.aeccafe.com 参考绘制）

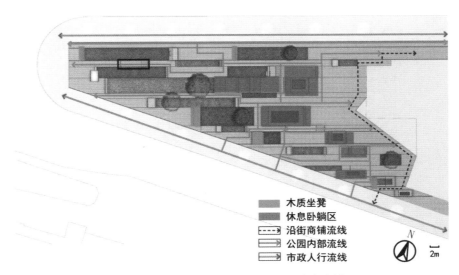

图 9-116 功能流线（10.aeccafe.com 参考绘制）

公园采用一体化设计，用不断变化、翻折的木质平台这一要素兼顾散步、小坐、躺卧、聚会、游戏等多种活动的设施需求，充满质感的木材和植被相互交错，相得益彰，呈现出精致巧妙的"人工结合自然"之感，塑造了鲜明的个性形象。

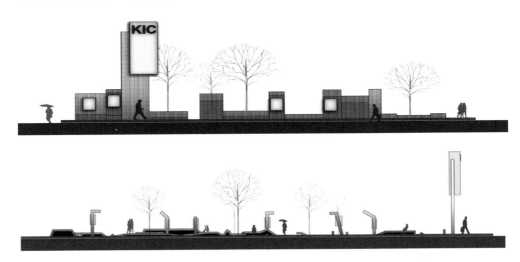

图 9-117 立面图（Architizer：https://architizer.com/projects/kic-park/）

图 9-118 公园全貌（Architizer : https://architizer.com/projects/kic-park/）

休憩区木质休息设施是公园一大亮点，设计师设计的翻折的木制地板体系，致力于应对公共场地中不可避免的各种功能（坐具、绿地、步道、公告栏等），预先定义了人们闲聚、休憩甚至滑板运动等特定行为场所，形成一块能同时包容集会和私密空间的公共地毯。

图 9-119 公园局部（Architizer : https://architizer.com/projects/kic-park/）

设计师用于渲染设计思路的形象——如古扇般裁剪翻折的纸片让人联想起德勒兹对折叠空间特质的渐成性（epigenic）描述：发展和进化其实是已经改变它们本意的概念，因为如今他们的设计以渐成论（epigenesis）为造型基础或运用既不是预制（pre-formed）又不是内置（built-in）而是由各种毫不相像的构件组成的有机体和生物器官……倚靠渐成论，有机折叠是从一个相对平整单一的表面通过找型、生产和复制等手段得到的。

3. 景观要素

景观休憩设施与铺地连贯设计，统一材质，设计空间变化丰富却不显凌乱。使原本平坦的地形在视觉上产生起伏的动感。

（1）地形。公园整体较为平坦，利用翻折的木质平台创造"地势起伏"，吸人眼球，缓解交通给人带来的不适感。与外部地面形成高差，将园内空间与繁忙的人行道分开从而划分了空间，增强了公园的领域感和隐秘性。内部因翻折的木质地板而形成高差，将园内草坪与游人活动空间区分开来，灵活而生动；由于翻折角度与高度的不同，木质平台被赋予不同的功能，增强了公园的整体感与趣味性；同时由此划分了不同功能分区，增强了整个公园的实用价值。

（2）铺地。公园座椅、树池和铺地采用木料进行一体化连贯设计，衔接自然，使公园竖向变化丰富又不破坏公园整体感。木质铺地，既灵动又亲和，颜色较浅，轻盈舒展。同时木质材料随时间老化而记录当时的自然条件，展现出独特的年代感与故事感。铺地与草坪相结合，使公园展现出草地树木交织出的内部生态空间，精致且富有自然趣味。

图 9-120　铺地（http://www.fatbmx.com/uploads4/2012Q1/wk10/chinax2st.jpg）

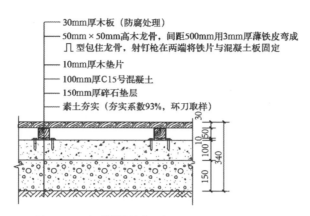

—— 30mm厚木板（防腐处理）
—— 50mm×50mm高木龙骨，间距500mm用3mm厚薄铁皮弯成
　　几型包住龙骨，射钉枪在两端将铁片与混凝土板固定
—— 10mm厚木垫片
—— 100mm厚C15号混凝土
—— 150mm厚碎石垫层
—— 素土夯实（夯实系数93%，环刀取样）

图 9-121　木质铺地做法示意（www.yuanliner.com）

（3）植物。因地处交通节点，依据安全视线要求，公园内外要视线通透。在植物选择上，以草坪和小型乔木为主，五株分枝点较高的香樟树点缀分布，与行道树呼应，草坪精致而茂盛，充满生机。

（4）座椅。公园采用景观坐凳与种植池结合，以翻折的木质平台为主要形式，由于翻折角度的不同，座椅可供游人坐、卧；分为有靠背和无靠背两种形式，可供游人短暂休息及晒太阳；座椅高度不同，适合不同年龄人群使用，设计人性化且富有趣味性。为游人提供了大面积的休息区。可同时满足许多人的休憩需求，且相互干扰较小，尺度宜人。

图 9-122　座椅（Architizer : https://architizer.com/projects/kic-park/）

（5）照明。园内共设置了 21 处埋地灯，布满整个园区。灯光照明形式和有效的光照覆盖有助于确保行人的安全。

在此案例中，照明方式为向上照明。其优势在于对整体景观的设计，灯的形式很容易融入其中而不显得突兀。但是从实景夜景照片中我们能看到公园内部虽有灯光照射，但是亮度以及光照范围不大。此项目处于两条大路交汇之处，人流密集，夜晚公园内部灯光照度低，很难吸引路人进入并活动。园内的灯箱有宣传和照明功能。

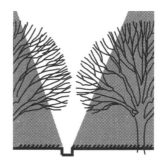

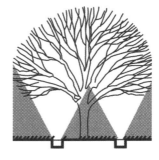

图 9-123　公园夜景　　　　　图 9-124　[美]尼古拉斯·T·丹尼斯著，刘玉杰等译，景观设计师便携手册，p366

（6）钢结构。用于木质结构整体框架的搭建和草坪的围合。钢结构的出现并不会让人们感到突兀，是以内部框架形式隐藏于木质铺装之下，这使得钢结构的冰冷感消匿于木质温暖感之下。

（7）防腐木。防腐木多用于公园步道、座椅、绿地包围、公告栏等地方。作为步道材料，在人们步行中得到舒适体验，并拉近了自然和人之间的联系，在于人们感官刺激之上，木头的材质相比于水泥或让人感到柔和亲近。

由于公园的位置原因，人流量大，公园铺地使用强化防腐木，维护和耐久性方面面临考验。

4. 游人行为

上海 KIC 公园是一个集闲聚、休憩甚至进行滑板等运动的特定行为场所，游人可漫步在木板路或者由翻折木板分隔的闲散空间中；坐、卧在拥有舒适高度与角度的木质座椅上；在角度丰富的木板上进行滑板运动；高低起伏的木板以及丰富的斜坡，也为孩子们的活动提供更多可能性；公园内没有生硬的空间划分，木质平台与草坪相贯通，使得游人可以在宽敞的空间中进行集会社交。翻折的木板元素促进了人们的运动和活动，它是城市中的绿洲，是一个放松紧张神经的好地方。公园以不同于国内其他公园的形式营造空间，增强了公园的吸引力。但公园缺少遮阳设施，夏季时公园内光照强烈，游人较少。

10 设计探索

    在小公园的设计探索中，应强调因地制宜，强调人与自然的交流，强调推陈出新，强调环境友好。尤其在城市老旧区域户外公共空间改造中，景观更新升级的设计，要提倡山水园林微型化、仿古园林适宜化、现代园林简约化和基础绿地生态化。坚持努力挖掘文化潜力，延续历史文脉；坚持合理分配各类用地，控制饱和容量；坚持科学配植植物，提升公园美观度和生态效益；坚持完善各类配套设施，提高公园能效比。

    由于园林景观风格迥异，源于地域、文化等不同而逐渐形成了不同的布局形式，根据"世界造园史三大流派"，可以把园林的形式分为三类：规则式、自然式和混合式，三种布局形式各有特色，本书创作汇编50余例方案设计，分成上述三类，方案地块近80m×60m，为常见小公园的基本规格，设计意向仅供参考。

10.1　规则式小公园

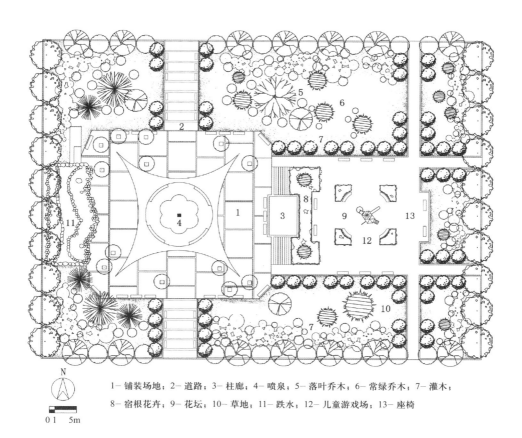

N

1－铺装场地；2－道路；3－柱廊；4－喷泉；5－落叶乔木；6－常绿乔木；7－灌木；

8－宿根花卉；9－花坛；10－草地；11－跌水；12－儿童游戏场；13－座椅

0 1　5m

图A1　设计意向

注重空间秩序，利用轴线控制全园，通过高差创造空间层次，公园以直线分割、线面
结合，动静结合，开合有致。整体风格体现出强烈的现代感。

- 公园整体西高东低，以东西主轴对称，主景突出，层次分明，视觉景观效果强烈。
- 植物配植采用规则式与自然式相结合，植物种类丰富，以落叶植物为主，间种常
  绿植物。
- 西侧台地规则对称，庄严肃穆，拾级而上更显典雅。顺势营造的跌水自然清灵，
  再加上台地上零星分布的小乔木和健身器械，空间规整又不失自由。
- 东侧以花坛为核心划分场地，配置景观座椅，供人观赏和休憩，四周植物围合提
  供了良好的私密性。相较于西侧的宏伟，东侧则显含蓄，一刚一柔，和谐统一。

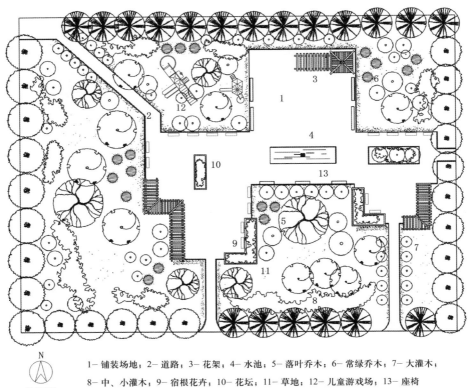

N

1- 铺装场地；2- 道路；3- 花架；4- 水池；5- 落叶乔木；6- 常绿乔木；7- 大灌木；
8- 中、小灌木；9- 宿根花卉；10- 花坛；11- 草地；12- 儿童游戏场；13- 座椅

0 1   5m

图 A2 设计意向

注重生态，几何形的场地组合，简洁明快，利于发展多样化活动。

- 全园植物配植层次丰富，四季景色各异，形成了持续的生态景观。大量绿植有助于保持公园空气清新。

- 公园西北角的绿荫小道增添了公园的神秘感，小道尽头配置软质儿童游乐场地，儿童嬉戏同时具有安全保障。

- 公园北侧、西南侧、东侧分别设置有花架、景观座椅和棋牌桌，可供人们休憩娱乐。

- 东侧和南侧公园入口花坛界定空间，形成对景，吸引过往人群。

- 公园中心水体成为点睛之笔。水池前大块硬质场地可供开展群体性活动，四周配置景观座椅供人小憩。

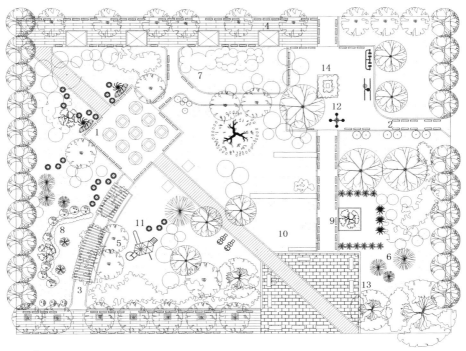

N

0 1   5m

1-铺装场地；2-道路；3-花架；4-亭；5-落叶乔木；6-常绿乔木；7-灌木；

8-宿根花卉；9-花坛；10-草地；11-儿童游戏场；12-健身器械；13-座椅；14-雕塑

图 A3　设计意向

注重景观体验，园区整体设计强调点、线、面结合布置。外轮廓呈规则式布局，内部
空间自由布局。

- "半私密—半公共—公共空间"的空间序列，通过柱廊、花架、木栈道与林间小径
  等组织而成，以景观景，增加人们"游"园体验感。以面彰显气质、以线增添乐趣、
  以点深化意境。

- 景观绿化形成全园基底，植物配植以自然式为主，乔灌草结合，季相丰富，大面
  积的树林草地自然疏朗，赏心悦目。

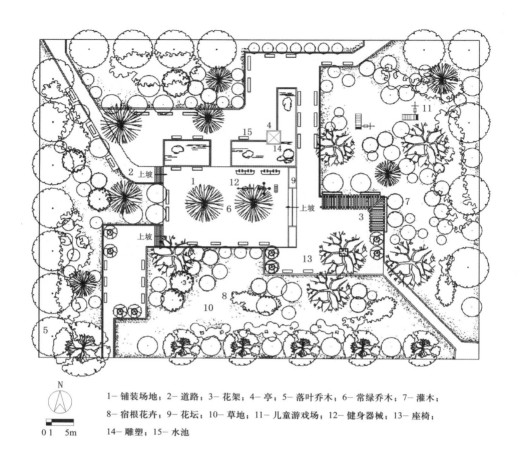

1- 铺装场地；2- 道路；3- 花架；4- 亭；5- 落叶乔木；6- 常绿乔木；7- 灌木；

8- 宿根花卉；9- 花坛；10- 草地；11- 儿童游戏场；12- 健身器械；13- 座椅；

14- 雕塑；15- 水池

N

0 1   5m

图 A4　设计意向

注重景观视觉体验，运用直线条强调景观力感，利用水体及植物柔化景观，刚柔相济。

- 公园休闲空间与林间小径交织穿插，步移景异，充满惊喜。
- 突出中央水体，顺势营造景观跌水，营造轻松活泼的景观氛围。
- 中央台地抬升，广场上植常绿乔木，控制视线，引导游览。
- 绿化面积较大、种类丰富，达到三季有花，四季常绿效果。道路两旁大量植草皮，
  加强色彩对比；并通过景墙、花架的竖向设计形成多维起伏的空间。

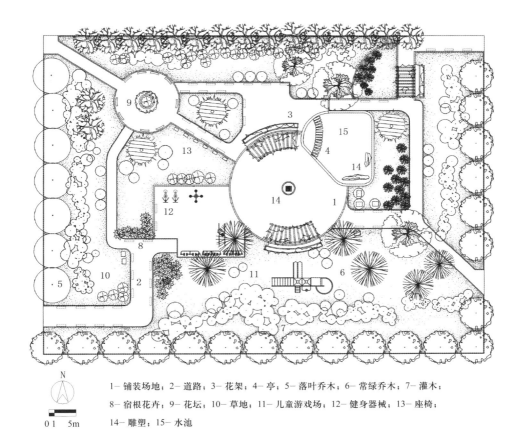

N

1— 铺装场地；2— 道路；3— 花架；4— 亭；5— 落叶乔木；6— 常绿乔木；7— 灌木；

8— 宿根花卉；9— 花坛；10— 草地；11— 儿童游戏场；12— 健身器械；13— 座椅；

14— 雕塑；15— 水池

01 5m

图A5 设计意向

注重绿色和谐，功能空间集中，圆与方，曲与直和谐统一。布局紧凑，道路与场地的切换自然，空间变化丰富，开合有致。

- 圆形广场为景观中心，四周辅以次级空间，错落有致。整体设计显得舒展有度。

- 公园边界密植乔灌木，对外界形成一种神秘感，同时减少外界的干扰，使公园内部幽静自然，景色宜人。

- 内部绿地与道路穿插自然，带状灌木丛呈环绕状布局于草地上，不仅呼应外围树列，更丰富景观空间层次，加强园区整体连贯性；花坛、廊架等装饰更是丰富紧致、活跃气氛。

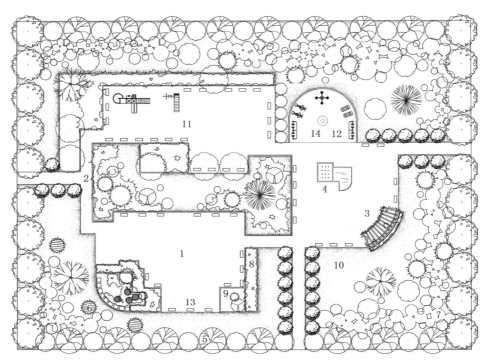

1－铺装场地；2－道路；3－花架；4－喷泉；5－落叶乔木；6－常绿乔木；7－灌木；
8－宿根花卉；9－花坛；10－草地；11－儿童游戏场；12－健身器械；13－座椅；14－雕塑

N

0 1   5m

图 A6　设计意向

注重景观情趣设计，利用不同材料的质感和线条的对比，产生丰富的变化，增添情趣。

• 园区中部的乔灌草相结合的植物配植对空间进行了分隔与限制。

• 周围栽植自然式树丛、草坪或盆栽花卉，使生硬的道路轮廓变得柔和，东侧草坪
质感细腻，游人可以自行进入活动，为游客提供惬意的体验。

• 色彩清雅造型精致的花廊，爬满紫藤，使整个园林富有独特的风韵，伴随着鸟语
花香，为人们提供了休闲纳凉的空间。

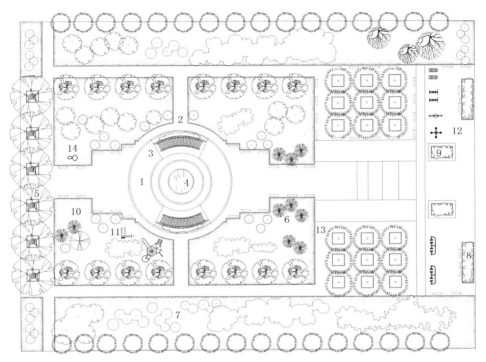

1—铺装场地；2—道路；3—花架；4—水池；5—落叶乔木；6—常绿乔木；7—灌木；

8—宿根花卉；9—花坛；10—草地；11—儿童游戏场；12—健身器械；13—座椅；14—雕塑

0 1   5m

图A7　设计意向

注重意境营造，全园布局严整，轴线突出，南北对称。

· 中部东西向大道贯穿整个园林，营造庄严气氛。喷泉集中了游人视线，水流轻舞，产生通透空灵的视觉享受。

· 植物材料的自然属性中孕育着历史、文化情节，以富有激情的红色的五角枫、郁郁葱葱的竹林、生长茂盛的栾树为主和充满收获希望的银杏，搭配以流线型的小灌木组团及景石，形成立体感强、层次丰富的植物组景，在满足生态功能的基础上营造出独特的空间情调与意境。

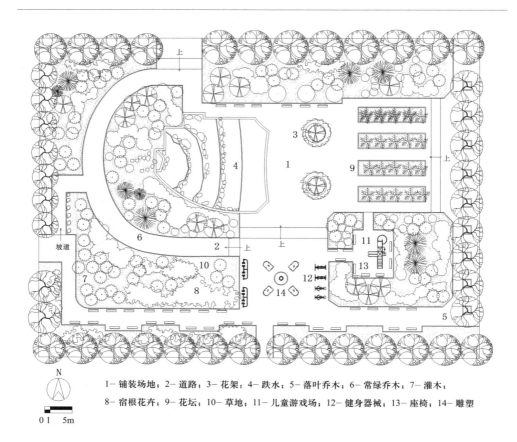

N

1—铺装场地；2—道路；3—花架；4—跌水；5—落叶乔木；6—常绿乔木；7—灌木；
8—宿根花卉；9—花坛；10—草地；11—儿童游戏场；12—健身器械；13—座椅；14—雕塑

0 1　　5m

图 A8　设计意向

注重意境营造，积极运用材料的色彩、质感、照明及水景创造景观意境。

• 运用花架和花坛巧妙地划分了空间，使游人在游园过程中获得韵律感。

• 运用浅灰色天然石材以及橙色、红色及紫色叶的彩叶植物，形成强烈的对比，强
化景观四季效果，形成"春意早临花争艳，夏季浓苍不萧条"的景色。

• 园内设有不同亮度的照明设施，夜间繁星点点，灯光层次丰富，形成"影影绰绰，
似有似无"的缥缈意境。

• 中部水景瀑布，水生清丽，带来柔和清透的感觉以及灵气动感。

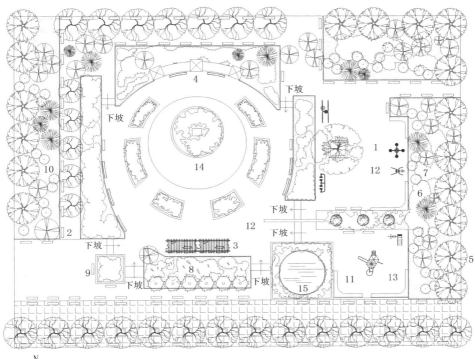

N

1- 铺装场地；2- 道路；3- 花架；4- 亭；5- 落叶乔木；6- 常绿乔木；7- 灌木；

0 1   5m

8- 宿根花卉；9- 花坛；10- 草地；11- 儿童游戏场；12- 健身器械；13- 座椅；

14- 雕塑；15- 水池

图 A9 设计意向

注重公共活动空间设计，以灵活多变的空间布局营造层次丰富、灵动的园林景观。

• 中部的圆形广场，形成了宁静的休闲空间；周围错落有致的方形花坛，形成静谧
  且富有田园野趣的图画。

• 石材铺地，朴实自然；无障碍坡地，塑造了景观层次，漫步园林，静守自然而真
  实的物象，处处萦绕着缥缈写意、清雅儒静的气息。

• 儿童游戏空间布置组合式的游戏器械，周围配植乔灌木，为游憩的孩子在炎炎夏
  日提供一处舒适的游戏场所。

• 中老年健身区，有序布置健身路径，广场种植遮荫树，并设计围树座椅，便于人
  们休憩交流。

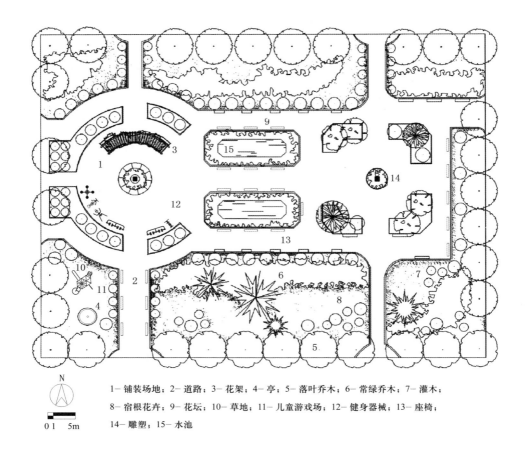

N

0 1   5m

1— 铺装场地；2— 道路；3— 花架；4— 亭；5— 落叶乔木；6— 常绿乔木；7— 灌木；

8— 宿根花卉；9— 花坛；10— 草地；11— 儿童游戏场；12— 健身器械；13— 座椅；

14— 雕塑；15— 水池

图 A10 设计意向

公园采用轴线对称布局，由花坛围合功能空间，一圆一方，均衡统一，规则有序。视觉上强化独特线条、营造空间连贯性，道路脉络舒展简洁。

- 活动区域居于中间、绿化区四周分布，层次分明、错落有致，达到景观理性化。
- 植物配植以灌草为主，点缀常绿乔木，用落叶乔木围合外边界，兼具隔音、减尘作用；草地、花卉、灌木、乔木，层层递进。
- 中央水景成为视觉焦点，活跃场地气氛。西侧圆形广场配置四时花架，场地开放，适宜群体性活动。东侧方形广场配置健身器械和景观座椅，丰富场地功能，满足休闲健身的需求。

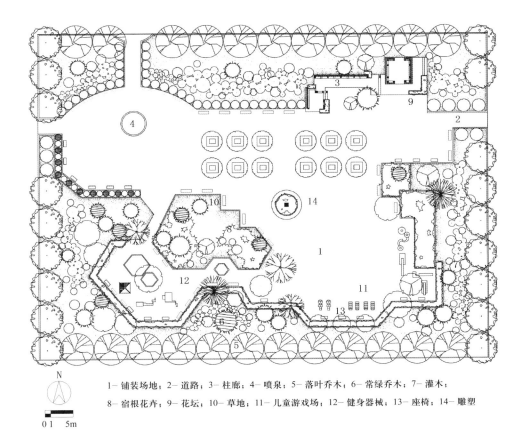

1-铺装场地；2-道路；3-柱廊；4-喷泉；5-落叶乔木；6-常绿乔木；7-灌木；
8-宿根花卉；9-花坛；10-草地；11-儿童游戏场；12-健身器械；13-座椅；14-雕塑

N

0 1   5m

图 A11   设计意向

简洁、硬朗的线条赋予公园强烈的现代气息，转角空间与几何折线型的花池又有着古典的韵味，大面积场地满足空间功能需要。

- 中心场地整齐的树池平衡了公园的不稳定感，景观雕塑的设计使空间重点突出，主次分明。南侧场地边界环绕绿篱，种植的高矮灌木层次丰富。
- 东南和西北侧场地开阔，适宜举行大型群体活动，东南部场地沿折线布置健身器械与景观坐凳，供人们健身休息。
- 西南侧场地空间内向，景色优美，与其余场地干扰较小，配置为儿童游戏场，同时设置凉亭与座椅供家长休息与监护。
- 东北场地植物配植兼顾生态效益和社会效益，私密安静，配置为庭院休息区。

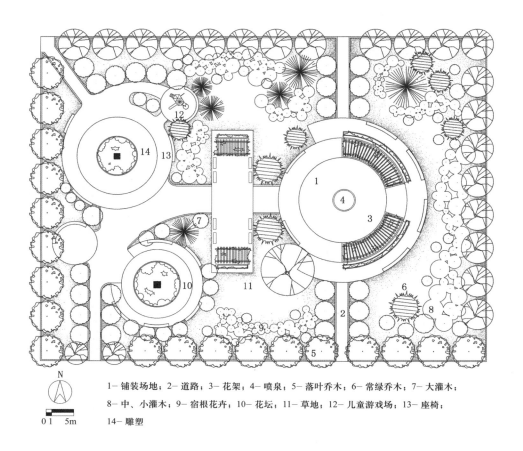

N

0 1 5m

1—铺装场地；2—道路；3—花架；4—喷泉；5—落叶乔木；6—常绿乔木；7—大灌木；
8—中、小灌木；9—宿根花卉；10—花坛；11—草地；12—儿童游戏场；13—座椅；
14—雕塑

图 A12 设计意向

公园注重简约设计，以圆形为母题，三个圆形广场三角形布置，互为对景，动态平衡。

- 公园地势平坦，动线清晰明确，视觉开敞通透，两组花架结合植物立体配植，疏密有致，增加了公园空间层次。

- 东侧大圆形广场以中央喷泉为核心，环绕配置花架及景观座椅，动静结合，四季有景，场地开敞，适宜群体性休闲活动。

- 西部两个圆形场地的中央雕塑成为视觉核心，沿弧形放置景观座椅，供过往人群休憩。西北角圆形场地配置儿童游戏区，植物的遮挡保证场地私密性且减少对其他场地的干扰。西南角圆形场地最为私密安静，景观宜人，适宜休憩。

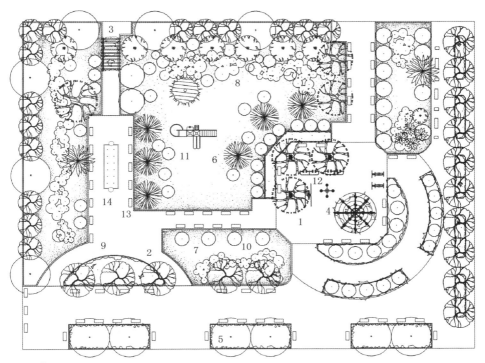

1－铺装场地；2－道路；3－花架；4－亭；5－落叶乔木；6－常绿乔木；7－灌木；
8－宿根花卉；9－花坛；10－草地；11－儿童游戏场；12－健身器械；13－座椅；14－水池

0 1　5m

图 A13　设计意向

公园注重开放性，折线与弧线结合增强了设计动感。南疏北密的植物配植强化了公园空间布局的导向性。

- 北侧丰富的植物景观隔断了外界干扰，自然的植物配植形成公园背景。
- 南侧边界运用空间断续处理，建成园内与外部空间的缓冲地带，种植六株乔木，使整个花园不会直接整体暴露于外界，半藏半露，并通过树木增加层次。
- 南侧不同形状的功能场地开放性强，满足多样化的活动需求。圆弧形场地绿化的运用柔化景观布局，减小直线条感，丰富视觉；更增添骑行及行走乐趣。
- 园区东、西、北边界配植层次错落，形式轻盈与亲切，富有韵律。

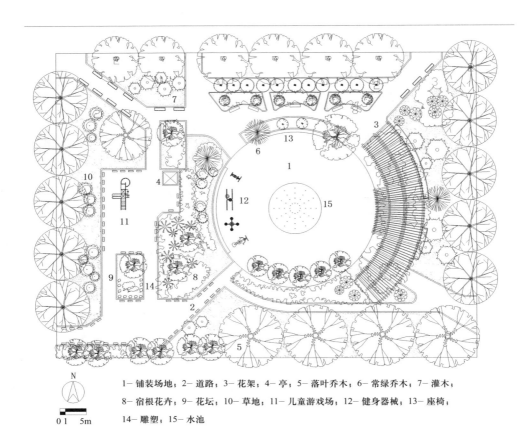

N

0 1 5m

1- 铺装场地；2- 道路；3- 花架；4- 亭；5- 落叶乔木；6- 常绿乔木；7- 灌木；
8- 宿根花卉；9- 花坛；10- 草地；11- 儿童游戏场；12- 健身器械；13- 座椅；
14- 雕塑；15- 水池

图A14 设计意向

公园注重空间共享性，曲线形与直线形、圆形的对比强烈，空间结构主次分明，动静
相宜。

- 圆形广场为全园核心区域，也是多种活动的共享空间，凸显聚合感与向心性，中
  心依道路空间向外辐射，形成空间连续的景观体系。广场中心水景动静结合，增
  添了活跃气氛。
- 园区边界配植高大乔木，形成半封闭围合，区内外可利用乔木、灌木延伸视野，
  意境深远。内部植物配植丰富多变，依据植物生态习性，合理搭配，形成稳定的
  小型生态环境。
- 道路铺装为压模混凝土，耐磨性高；园路相对较宽，散步及通行等功能共享。

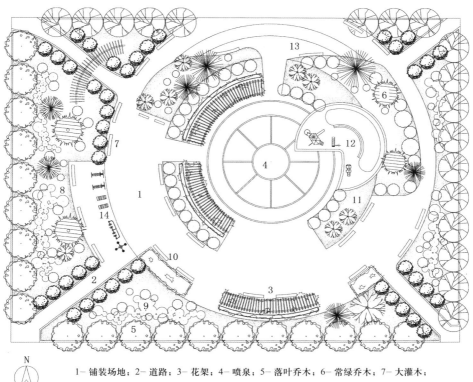

N

0 1 5m

1- 铺装场地；2- 道路；3- 花架；4- 喷泉；5- 落叶乔木；6- 常绿乔木；7- 大灌木；
8- 中、小灌木；9- 宿根花卉；10- 花坛；11- 草地；12- 儿童游戏场；13- 座椅；
14- 健身器械

图 A15 设计意向

公园注重无障碍设计，地势平坦，由同心圆规划布局，功能场地有独立，有融合，是
一个集休憩、娱乐、健身于一体的多龄化休闲场地。整个公园动静结合，形、声、色
俱全。

- 圆形场地处于核心位置，功能突出，平面图具有动感。中心喷泉、游戏场、休憩
  廊架错落分布，空间层次分明，嬉戏声、水声、鸟鸣声交融配合，使人愉悦。
- 由圆形场地向四角辐射状伸展的小路提升了公园的通透性和便捷度。
- 西南场地放置健身器械，以乔、灌、草本花卉立体植物景观半围合，使人健身同
  时得到自然美的享受。
- 南侧花架下的棋牌桌椅可供人们休息娱乐，花架前开敞场地供人们进行群体性活动。
- 北侧以植物为背景组织私密休息空间。

10.2 自然式小公园

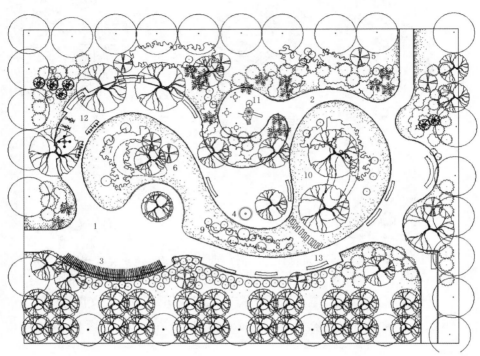

1-铺装场地；2-道路；3-花架；4-喷泉；5-落叶乔木；6-常绿乔木；7-灌木；
8-宿根花卉；9-花坛；10-草地；11-儿童游戏场；12-健身器械；13-座椅

0 1　5m

图 B1　设计意向

公园注重自由流线设计，整体简洁明快。

- 在构图上以曲线为主，场地、廊架、座椅等依曲线巧妙布置。
- 迂回的路径穿梭于绿色之中，活跃、舒适、自然。
- 植物疏密得当，高低错落，重点突出了植物的多样性，利用各种植物将相对简单的空间加以装饰，简约不简单。

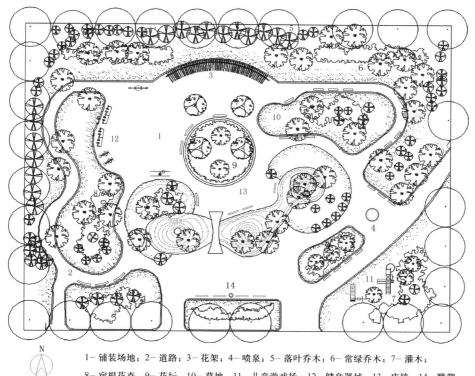

N

1-铺装场地；2-道路；3-花架；4-喷泉；5-落叶乔木；6-常绿乔木；7-灌木；
8-宿根花卉；9-花坛；10-草地；11-儿童游戏场；12-健身器械；13-座椅；14-雕塑

0 1   5m

图 B2 设计意向

公园注重意境营造。强调幽静、简洁而富有象征意味的景观氛围。

• 园区南部结合日式枯山水的设计元素，景观如一幅留白的山水画卷，无水而喻水，
  细细耙制的细沙和常绿树，这些静中有动的景观元素的运用让人心旷神怡。

• 园区北部有动静分区，功能明确，游人能各取所需。

• 整体设计中体现了自然与人工相结合，达到了一种简朴宁静的至美境界。

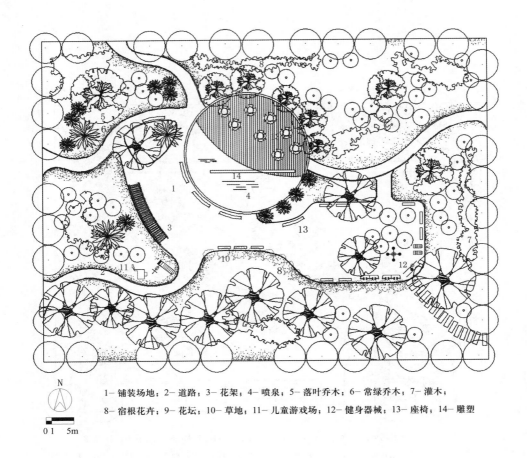

N

1—铺装场地；2—道路；3—花架；4—喷泉；5—落叶乔木；6—常绿乔木；7—灌木；
8—宿根花卉；9—花坛；10—草地；11—儿童游戏场；12—健身器械；13—座椅；14—雕塑

0 1   5m

图B3 设计意向

公园大方得体，充满时尚的气息。公园内的矩形与圆弧变形平台汇聚于圆形广场，形式独特，聚散合宜。

- 中央圆形广场中，一道弧线把圆形一分为二，一半为有座椅的木质平台，可供人休憩，一小半为水景，可供人观赏，动静结合。平台舒适的木质铺装，让人感觉到沉静和安稳。

- 园区弯曲的流线型道路给人以流动、悠闲之感。自然式的植物配植疏密得当，在活动区和休息区都配植了乔木，突出乔木的遮阴效果，营造了舒适的休闲环境。

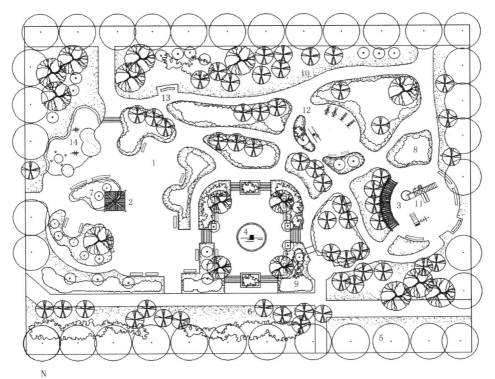

1-铺装场地；2-道路；3-花架；4-喷泉；5-落叶乔木；6-常绿乔木；7-灌木；

8-宿根花卉；9-花坛；10-草地；11-儿童游戏场；12-健身器械；13-座椅；14-雕塑

N

0 1 5m

图B4 设计意向

公园设计较为丰富、自然，热烈而充满活力，不规则的曲线围成绿地，大小不一，绿地之间又围合成公园内的各个空间，同时形成了宽窄不一的路径。

- 公园边界的树木排列规整，与公园内部的自然式布局形成了对比。
- 公园中部的方形平台采用了对称的布局，位于四个角的景观植物群落基本对称，平台与周围形成了高差，突出了它的中心位置，使之成为公园的焦点。

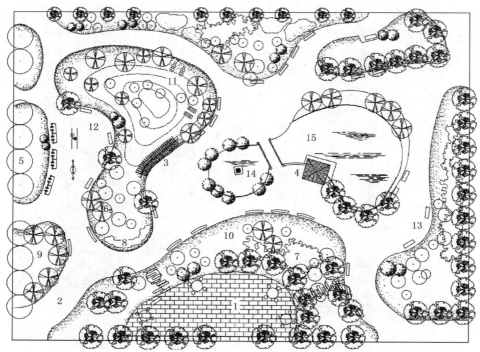

1—铺装场地；2—道路；3—花架；4—亭；5—落叶乔木；6—常绿乔木；7—灌木；
8—宿根花卉；9—花坛；10—草地；11—儿童游戏场；12—健身器械；13—座椅；
14—雕塑；15—水池

N

0 1　　5m

图 B5　设计意向

以自然式布局营造"山林之乐"的意境。地形、水体、道路、园林小品及错落有致的
植物搭配充满了浓郁的自然情趣。

- 南部由植物包被形成相对私密的儿童游戏场，儿童在自然中嬉戏，徜徉其间，愉
  悦身心。
- 硬质铺装采用当地石料，融入周边环境。
- 水面小桥以轻巧通透的体形创造通透空间及虚实形体。
- 植物组织以乔灌木相结合，点缀充满野趣的草花，宿根花卉形成多个活泼的色块，
  加以银叶植物调和，形成丰富精致的景观层次。

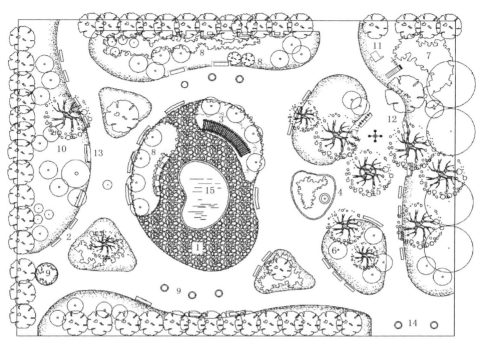

1- 铺装场地；2- 道路；3- 花架；4- 亭；5- 落叶乔木；6- 常绿乔木；7- 灌木；

8- 宿根花卉；9- 花坛；10- 草地；11- 儿童游戏场；12- 健身器械；13- 座椅；

14- 雕塑；15- 水池

图 B6　设计意向

自然式布局的小游园，由多个植物团块和流线型休闲广场组合而成，园林中部配以小巧、别致的水体。

- 植物选择以枝干修长、叶片飘逸、花小色淡的种类为主，营造简洁、明净的植物空间，消解了城市的喧嚣。
- 花架隐于紫藤中，光影随行；象形雕塑排列于局部小型场地中，活跃空间氛围，加上人的参与活动，形成实与虚的交互意境。

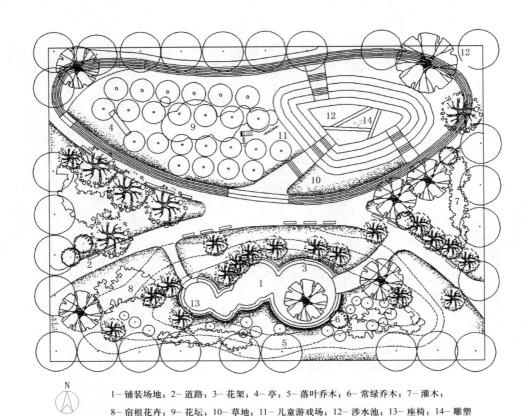

N
0 1   5m

1-铺装场地；2-道路；3-花架；4-亭；5-落叶乔木；6-常绿乔木；7-灌木；
8-宿根花卉；9-花坛；10-草地；11-儿童游戏场；12-涉水池；13-座椅；14-雕塑

图B7　设计意向

贯穿场地东西的弧形园路，富有方向感和视线引导性，以宿根草花柔化路缘，使园路
设计富有动感与活力。

- 下沉广场和圆形组合广场提供了幽静的休闲空间，下沉广场的平缓坡地使空间和
  视野得以延伸，与乔木林形成多层的立体空间，增强了空间的隐秘性和层次感。
- 缓坡小径和雕塑小品，形成丰富的点、线空间，突出了平面构图的灵活性。

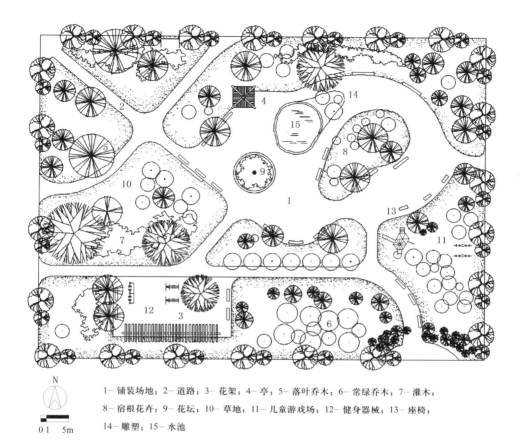

N

1—铺装场地；2—道路；3—花架；4—亭；5—落叶乔木；6—常绿乔木；7—灌木；
8—宿根花卉；9—花坛；10—草地；11—儿童游戏场；12—健身器械；13—座椅；
14—雕塑；15—水池

0 1   5m

图B8　设计意向

园区路有直行道，也有弯曲的园林小路，打造"路因景曲，境因曲深"的意境。

- 园区南侧花架结合小广场设计，形成小型活动的交流空间，柔和的铺装颜色恬静
  宜人。
- 园区北部空间大小结合，主次分明，动静分隔，功能各异。
- 植物群落在空间围合形态上，注重人在不同空间场所中的心理体验与感受的变化，
  形成疏密、明暗、动静对比，充分利用光、影、雾、阳光等自然因素，形成一种静谧、
  唯美的园林空间。自然式植物配植与水景、涌泉相互辉映，美轮美奂。

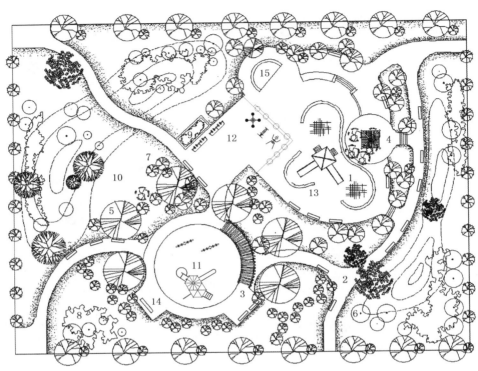

N

0 1   5m

1- 铺装场地；2- 道路；3- 花架；4- 亭；5- 落叶乔木；6- 常绿乔木；7- 灌木；
8- 宿根花卉；9- 花坛；10- 草地；11- 儿童游戏场；12- 健身器械；13- 座椅；
14- 雕塑；15- 水池

图B9　设计意向

公园注重宁静感设计，精心设置了园路、休息观景亭、台、景墙等，达到线路流畅、曲径通幽、移步换景的效果，营造出一个杨柳婆娑充满自然意趣的山水园林。

• 材料以木质、石质为主，充分利用植物造景，四季常青，生态宜人，力求达到植物生态、景观审美和空间意境的完美结合。

• 注重人在不同空间场所中的心理体现与感官变化，充分体现返璞归真的景观效果。

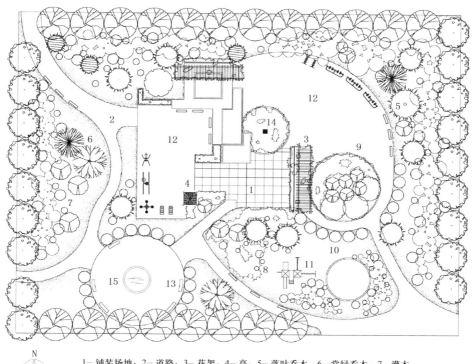

N

0 1　5m

1—铺装场地；2—道路；3—花架；4—亭；5—落叶乔木；6—常绿乔木；7—灌木；
8—宿根花卉；9—花坛；10—草地；11—儿童游戏场；12—健身器械；13—座椅；
14—雕塑；15—水池

图 B10　设计意向

公园注重诗情画意的景观营造。以流线型道路连接两个休闲广场，布局紧凑而又疏密得当。

- 道路两侧垂柳依依，乔灌草相结合，配以红花点缀，形成柳荫曲路、山林野趣，绿叶红花的美好画卷。
- 将健身广场置于草木丛中，在健身过程中获得与大自然接触的机会。
- 园区北部浅木色花架与淡雅清丽的紫藤萝相互依附，为游园增添唯美的惊喜。

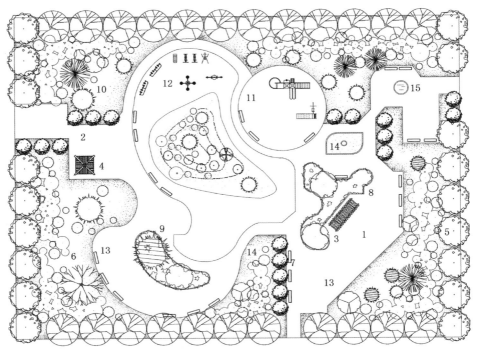

N

1－铺装场地；2－道路；3－花架；4－亭；5－落叶乔木；6－常绿乔木；7－灌木；
8－宿根花卉；9－花坛；10－草地；11－儿童游戏场；12－健身器械；13－座椅；
14－雕塑；15－水池

0 1   5m

图B11　设计意向

采用曲线、微地形与植物结合的方式划分功能空间，旨在营造可供交流、休憩、活动的公共开放、自由疏朗的环境氛围。

- 场地中布置雕塑小品、水池，人文与自然兼收，丰富景观。
- 种植具有观赏性的各类乔木和花灌木，植翠竹，置数块湖石，绿地中装点花境，以沿阶草镶边，曲尽其妙，清高风雅，淡素脱俗，呈现"万趣融其神思"的意境。
- 铺装以天然石材为主，展现了返璞归真、清逸脱俗的艺术效果。

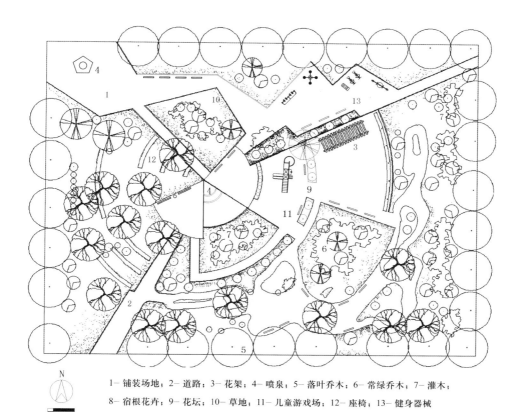

1—铺装场地；2—道路；3—花架；4—喷泉；5—落叶乔木；6—常绿乔木；7—灌木；
8—宿根花卉；9—花坛；10—草地；11—儿童游戏场；12—座椅；13—健身器械

0 1 5m

图 B12　设计意向

公园平面形式组合丰富，多层弧线错落分布、联断自然，追求活泼韵律。

• 从东北口进入公园，视野较为开阔，行进中，步移景异，充满情趣，既有视野开
　阔的平台，又有曲径通幽的小空间。

• 公园北部具有折线边缘的平台张弛有度，并向核心圆心聚焦，导向性强。

• 北部平台与南部自然型的空间形成了强烈的对比，一个活力四射，一个温婉可人，
　给人不同的身心体验。

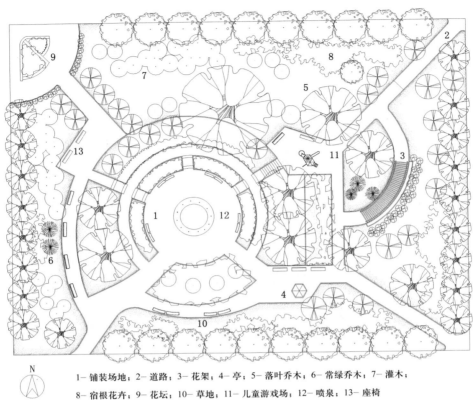

N

1- 铺装场地；2- 道路；3- 花架；4- 亭；5- 落叶乔木；6- 常绿乔木；7- 灌木；
8- 宿根花卉；9- 花坛；10- 草地；11- 儿童游戏场；12- 喷泉；13- 座椅

0 1   5m

图 B13 设计意向

使用简练的弧线穿插直线构成园区核心区域，表现出刚柔并济的视觉效果。

- 园区中园路的交叉口较多，常成为人的视觉焦点，适宜设置为或大或小的景观节点，表现特色景物作为标志，以便提示空间变换，令人记忆深刻。
- 道路要划分等级，宽窄适中，对各方向的人流量进行路线规划，尽量满足通过人群选择最短距离的心理。
- 休息设施主要为休闲座椅，选择在园路边缘适宜位置。面向园内景观，可以观景和人活动，也保证了安全感和私密感。
- 植物种类丰富，高大的乔木，低矮的灌木，花卉植被搭配相宜，高低错落，营造出了可观花、观叶、观果的丰富景观及优美的景观环境。

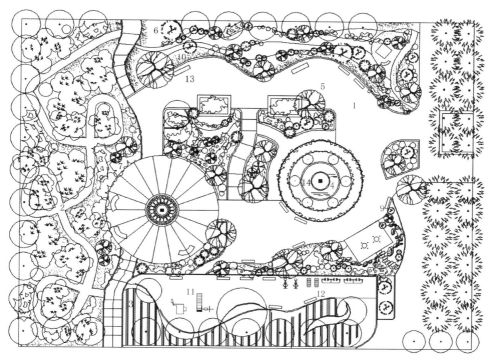

1- 铺装场地；2- 道路；3- 花架；4- 喷泉；5- 落叶乔木；6- 常绿乔木；7- 灌木；

8- 宿根花卉；9- 花坛；10- 草地；11- 儿童游戏场；12- 健身器械；13- 座椅；14- 雕塑

0 1   5m

图 B14　设计意向

公园空间十分丰富。东入口两边的树阵规整简洁，与园内场景变化形成对比。

- 位于公园中部的喷泉是公园的焦点，喷泉吸引游人的目光，引导游人走向两个不同的空间，一侧有波形的廊架和圆形休息亭，供游人休憩玩耍，另一侧是较为简单的自由活动空间。
- 公园西部的曲折小径穿梭于树丛之中，闹中取静，适宜游人散步。
- 公园的植物丰富多彩，空间的边缘处种上冠大荫浓的乔木，并在乔木下配置耐荫的灌木丛，加上草地构成丰富的植物景观。

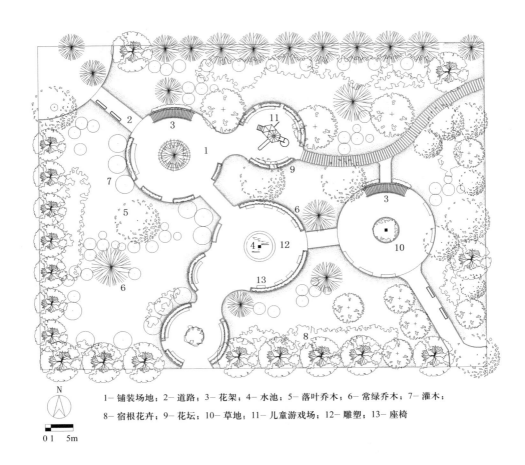

1—铺装场地；2—道路；3—花架；4—水池；5—落叶乔木；6—常绿乔木；7—灌木；

8—宿根花卉；9—花坛；10—草地；11—儿童游戏场；12—雕塑；13—座椅

N

0 1   5m

图 B15　设计意向

以圆形为母题，直线、曲线道路串联，几何构图突出了园区的整体意象。

- 园区合理布置水池、花卉雕塑、花架和休闲座椅等景观元素。各场地的空间氛围各异：或幽静、或活泼。
- 植被配植别出心裁，落叶乔木中点缀常绿的雪松和小灌木，庭院四周被修剪成弧形的规整灌木环绕。
- 栈道、廊架的木质感也增强了园区自然属性。行走其中，绿树浓荫、花团锦簇的景致，既展现每个空间独特的个体美，又塑造了整个公园的和谐统一的整体美。

10.3 混合式小公园

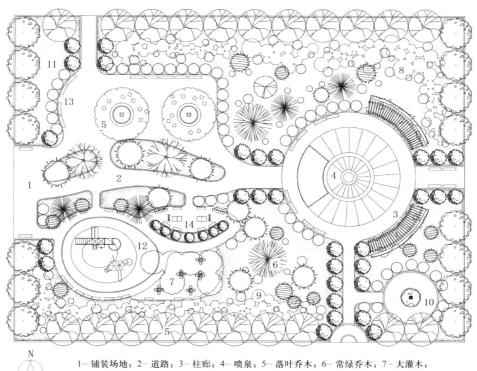

N

1- 铺装场地；2- 道路；3- 柱廊；4- 喷泉；5- 落叶乔木；6- 常绿乔木；7- 大灌木；

8- 中、小灌木；9- 宿根花卉；10- 花坛；11- 草地；12- 儿童游戏场；13- 座椅；

14- 健身器械

0 1   5m

图 C1 设计意向

公园运用圆形母题，表现特征明晰，空间结构主次分明，动静相宜。全园乔木、灌木、花坛、廊柱和喷泉、高低错落，形成了丰富的视觉效果，也增强了空间的层次感。

- 公园东侧入口广场规则对称，形成了开敞、简洁、明快的公共空间，适合群体性活动，广场上的喷泉定时喷射，景观因时而变，令人惊喜和愉悦，两侧对称的廊架为人们提供休息、交流的场所。
- 公园西侧是自然型的活动场地与通道，曲径通幽，引导视线，步移景异，有机组织了若干较私密空间，为人们营造了不同的空间景观，提供了丰富的活动体验。
- 西南林荫下有很多座椅和棋牌桌供人们休息或游戏，环境舒适；西北场地较为开阔，一些座椅围绕着花木，春华秋实，夏绿冬雪，四季有景。

N

1—铺装场地；2—道路；3—花架；4—喷泉；5—落叶乔木；6—常绿乔木；7—大灌木；

8—中、小灌木；9—宿根花卉；10—花坛；11—草地；12—儿童游戏场；13—座椅

0 1   5m

图 C2　设计意向

公园主体采用中轴对称＋局部自由式布局，沿东西轴线分布尺度不一的功能场地，主次分明，可满足多样化活动的开展。公园道路曲直结合，动线清晰流畅。

- 乔、灌、藤、花、草合理配植，充分考虑季相变化、物种多样、层次丰富，兼顾生态效益与景观效益。
- 中心以自由曲线型的喷泉池为焦点，打破了长轴对称的呆板，使空间充满变化和灵动。
- 公园西侧弧线围合的大广场空间沿轴线分布廊架、树池、喷泉等，兼顾了活动场地的开放性与休憩场地的私密性。
- 东侧场地空间相对私密，配置为儿童游乐区，圆形景观花架满足了美观与遮荫的需求，同时设置凉亭与座椅供家长休息与监护。
- 南北侧沿小径设置座椅，高密度的植物背景提供了良好的半私密性。

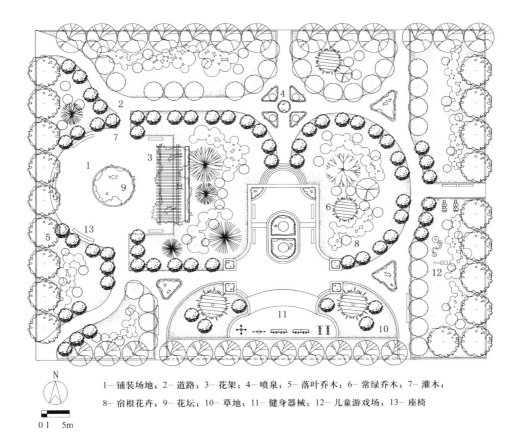

1－铺装场地；2－道路；3－花架；4－喷泉；5－落叶乔木；6－常绿乔木；7－灌木；
8－宿根花卉；9－花坛；10－草地；11－健身器械；12－儿童游戏场；13－座椅

N

0 1   5m

图 C3 设计意向

公园场地与自然植物配置结合，少量的直线运用凸显空间主体，平衡曲线的柔和之美。

• 中心区域沿轴线对称，使空间曲线多变而又不显凌乱。

• 东侧和北侧分别配植喷泉和儿童游戏场，充实公园功能，吸引过往人群。

• 西侧硬质场地较为开阔，以植物为背景设置的景观廊架和座椅可供游人休憩。

• 南侧配植有三面围合的健身场地，人们健身过程中可收获良好的景色。

• 道路界定出多样化形态的绿地和硬质场地，道边运用植物列植，整齐有序。绿地
中依据植物生态习性合理搭配，形成稳定的自然生态小环境。

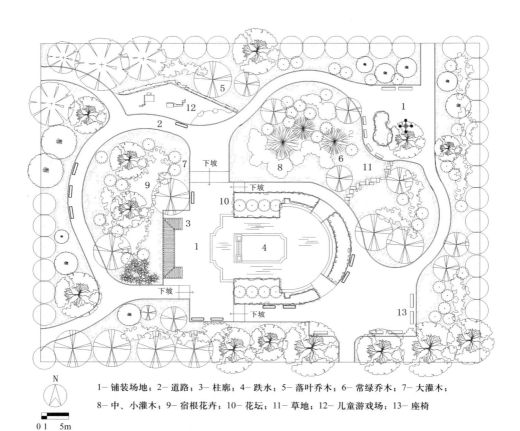

N

1—铺装场地；2—道路；3—柱廊；4—跌水；5—落叶乔木；6—常绿乔木；7—大灌木；
8—中、小灌木；9—宿根花卉；10—花坛；11—草地；12—儿童游戏场；13—座椅

0 1   5m

图C4 设计意向

公园利用微小的地形高差变化丰富了景观空间的层次。园区景观道线形自由柔美，与自然植物配置相协调。优美的景观给游人形成好的环境感知。

- 沿轴线对称的中心水池和叠水喷泉为整个中心区域增添了古典风情。丰富了视觉空间的同时增加景观的亲和感，跌水结合植物为整个园区增添流动的生命气息。亲水柱廊为游人在观赏水景和休憩提供了方便。
- 利用植物季相效果营造浓郁缤纷的植物景观。用乔灌草林缘线和林冠线丰富视觉体验，并利用绿化营造半私密及公共开敞空间，提供林荫交流、公共活动平台。

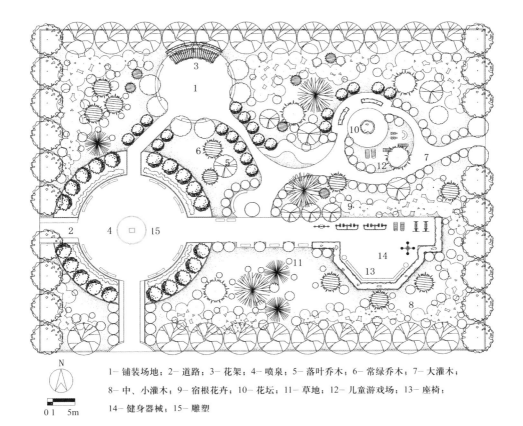

1—铺装场地；2—道路；3—花架；4—喷泉；5—落叶乔木；6—常绿乔木；7—大灌木；
8—中、小灌木；9—宿根花卉；10—花坛；11—草地；12—儿童游戏场；13—座椅；
14—健身器械；15—雕塑

N
0 1   5m

图 C5   设计意向

公园以功能导向为原则规划场地，演绎了形式追随功能的现代主义设计手法。

- 西南侧圆形入口广场中心雕塑形成视觉焦点，从此向北、东两侧延伸出两类风格截然不同的景观，抑扬顿挫，步移景异，层次丰富。
- 北侧小广场花架与景观座椅提供了私密性良好的休憩空间，东北侧被植物围合的小广场是儿童游戏场所，成人看护区设计体现了人性化。
- 东南侧不规则开敞场地设置有健身器械，三个活动空间分布均匀，与主广场道路连接通畅，场地功能性丰富，满足人们日常休闲活动需要。
- 选用乡土植物，尊重地方生态，适地适树。

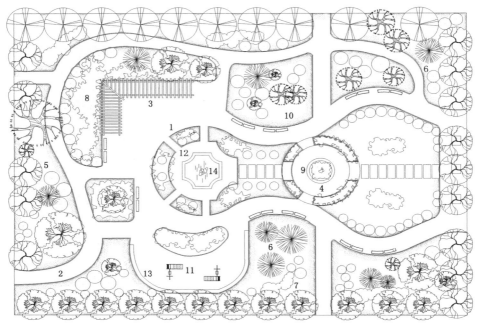

N

1－铺装场地；2－道路；3－花架；4－亭；5－落叶乔木；6－常绿乔木；7－灌木；
8－宿根花卉；9－花坛；10－草地；11－儿童游戏场；12－水池；13－座椅；14－雕塑

0 1   5m

图C6　设计意向

公园局部采用轴线对称式布局，景观层次丰富，湖石水池与环形花园互为对景。水、木、
石三者质感迥异，强化了园区的自然氛围。

- 园区西北处休憩空间的"L"形廊架和包围在外侧的特色种植形成相对私密的休闲
小空间。
- 蜿蜒的园路柔化了硬质景观，步行其中，感受空间渐进变化的自然过渡，渐入佳境。
景观规则与自然协调。

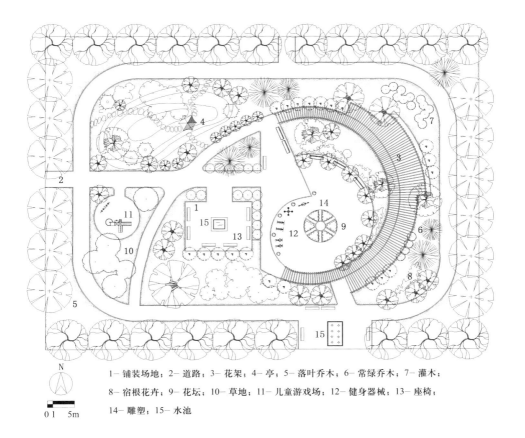

N

0 1   5m

1－铺装场地；2－道路；3－花架；4－亭；5－落叶乔木；6－常绿乔木；7－灌木；
8－宿根花卉；9－花坛；10－草地；11－儿童游戏场；12－健身器械；13－座椅；
14－雕塑；15－水池

图C7 设计意向

公园空间设计注重多方位的变化韵律，叠山理水、廊架及花木的设置，形成人工与自
然有机结合。

- 西北山丘丰富了园区竖向空间的层次，山上的方亭为欣赏园区景色提供了最佳的
  视角。
- 螺旋曲线形的环廊包围着中心花园，阻隔了来自外界的干扰，游人可以与花木近
  距离接触，环廊与西北角的山亭呼应。
- 园中漫步，随着地形起伏或建筑的高低错落，既可仰观天地之悠悠，又可俯视众
  景之渺渺，视角多变，美景无限，妙趣横生。

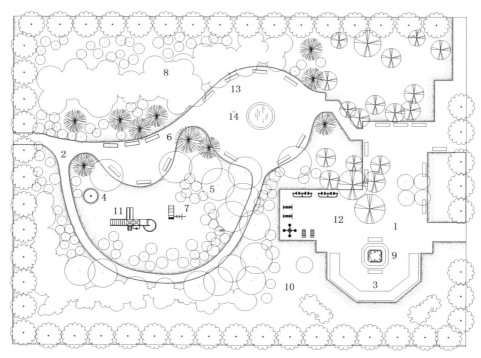

1- 铺装场地；2- 道路；3- 花架；4- 亭；5- 落叶乔木；6- 常绿乔木；7- 灌木；

8- 宿根花卉；9- 花坛；10- 草地；11- 儿童游戏场；12- 健身器械；13- 座椅；14- 水池

N

0 1   5m

图 C8　设计意向

公园设计以植物造景为主，搭配适量的流线型路径，几何形场地融入自然之中，为游人提供休闲散步的舒适场所。

- 植物配植有松林草坪，并且用色叶植物点缀，增加植物造景的优美效果。尤其秋景更是醉人，青松翠柏，映衬金黄色的银杏，是丹黄朱翠的幻景。
- 东部休闲广场设有音乐喷泉，水流随音乐相对变化，时而天女散花，纷纷扬扬，时而玉蝶飞舞，时隐时现。入夜，彩灯随着音乐变化，令人倍感惬意。

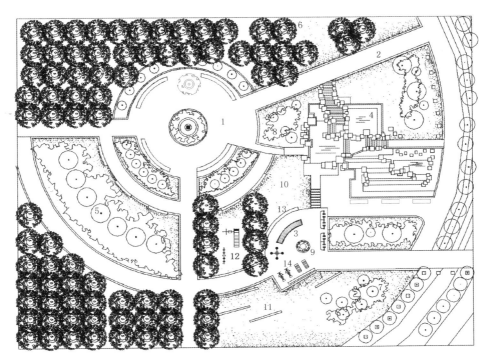

N

0 1   5m

1- 铺装场地；2- 道路；3- 花架；4- 跌水；5- 落叶乔木；6- 常绿乔木；7- 灌木；

8- 宿根花卉；9- 花坛；10- 草地；11- 雕塑；12- 儿童游戏场；13- 座椅；14- 健身器械

图 C9　设计意向

现代简约风格的水景公园，简洁却又层次分明，公园的景观围绕圆形平台展开，结合环形道路，整体平面形成"环形＋放射"结构。

- 中心平台向东延伸拓展成两个小景观空间。北部以水景为特色，水景外轮廓为几何形，以喷泉作为水景的主题，大小不一的汀步分布在水面之上，形成有趣的自由行走空间，静动结合。南部为运动健身场地，设施按运动规律沿场地周边布置。
- 公园的西部有密集的树阵，较为幽静；西北防风林为冬季的园区挡风防噪，有利于创造舒适的小环境。

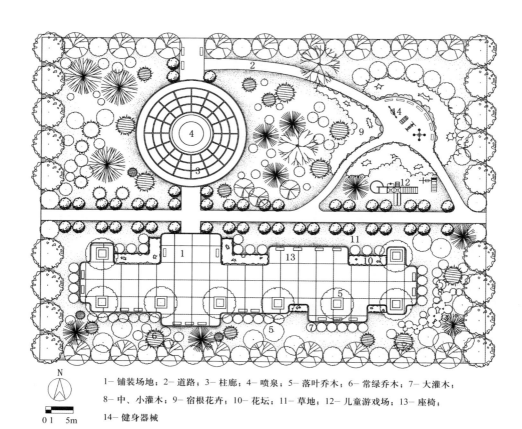

N

0 1 5m

1—铺装场地;2—道路;3—柱廊;4—喷泉;5—落叶乔木;6—常绿乔木;7—大灌木;
8—中、小灌木;9—宿根花卉;10—花坛;11—草地;12—儿童游戏场;13—座椅;
14—健身器械

图C10 设计意向

公园注重绿色设计,绿化率较高。中间横贯东西的笔直道路将公园分为南北两个大块,
北侧以观赏为主,借鉴了中国古典园林的表现手法,道路曲直相间,曲径通幽。

- 公园东北侧形成花叶相映,林径相间,尺度适宜,景观有序的城市生态景观,小
  径交汇处布置有健身器械,弧形围合的多层次植物配植使人们锻炼时有较好的景
  观享受。

- 南侧以实用为主,几何形场地边缘以绿篱围合,沿线穿插布置景观座椅,公园外
  围列植乔木,布置考究的多层次搭配绿化,使公园私密性良好,既考虑实用性,
  又不失美观。

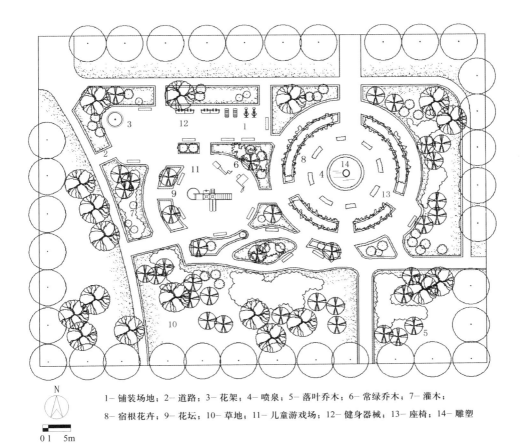

1— 铺装场地；2— 道路；3— 花架；4— 喷泉；5— 落叶乔木；6— 常绿乔木；7— 灌木；
8— 宿根花卉；9— 花坛；10— 草地；11— 儿童游戏场；12— 健身器械；13— 座椅；14— 雕塑

图 C11　设计意向

公园设计注重引导游人的心理认知。东部的圆形小广场由绿篱环绕，配以座椅，中间的喷泉画龙点睛，让游人能够很惬意地观赏水景。

- 园区空间设计运用了正负形，将图形和背景有机融合，绿地做背景，场地道路为图形，积极有效地形成了图底关系。

- 公园四周边界由规则的行道树围合，内部以疏林草地为主要配植形式，简洁疏朗，令人心旷神怡。

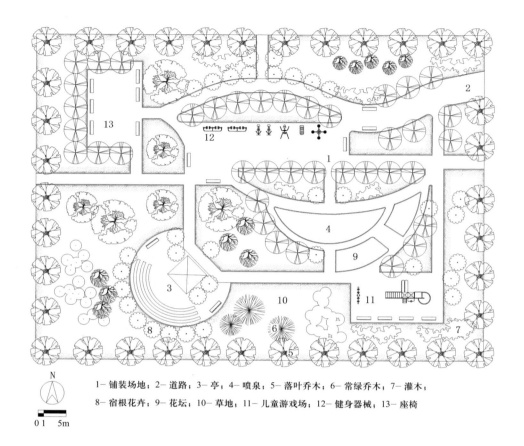

1- 铺装场地；2- 道路；3- 亭；4- 喷泉；5- 落叶乔木；6- 常绿乔木；7- 灌木；
8- 宿根花卉；9- 花坛；10- 草地；11- 儿童游戏场；12- 健身器械；13- 座椅

N

0 1   5m

图 C12 设计意向

园林巧妙地利用植物列植方式将园林空间划分成许多小单元,列植的延续性和方向性,
引导游人观赏园内不同空间的景观,达到步移景异的观景效果。

- 西南侧休闲广场采用舞台与观众席的方式布置座椅式台阶和亭式舞台,为人们提
  供表演、观景的场所。
- 东南侧休闲广场为儿童提供游戏活动的各类设施。
- 北部布置健身与休息场地,动静分离,互不干扰。
- 园内各场地适当点缀景观小品,并加强节点与视觉焦点处的绿化空间设计,增强
  游览趣味与自然体验。

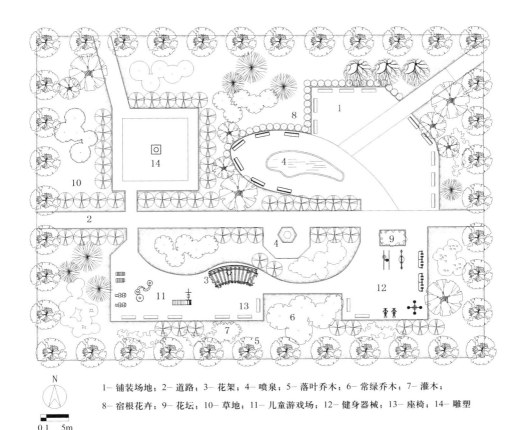

1—铺装场地；2—道路；3—花架；4—喷泉；5—落叶乔木；6—常绿乔木；7—灌木；
8—宿根花卉；9—花坛；10—草地；11—儿童游戏场；12—健身器械；13—座椅；14—雕塑

图 C13 设计意向

以软硬造景元素巧妙结合的方式展现公园风格。

- 休闲广场面积较大，周围整齐地摆放座椅，西北小广场摆放健身器械，南部景墙阻隔视线，增强私密性且其造型优美点缀环境，使整个园区成为健身休憩的最佳场所。
- 园内有一处水景，水中鹅卵石置地，旁边配以小品点缀，精巧宜人。
- 南部场地中间设置花架，配植藤蔓植物，营造出一片宁静安逸的空间。在月亮升起之时，便会呈现"明月藤间照"的唯美意境。花架两侧分别布置儿童游戏场与健身活动场。

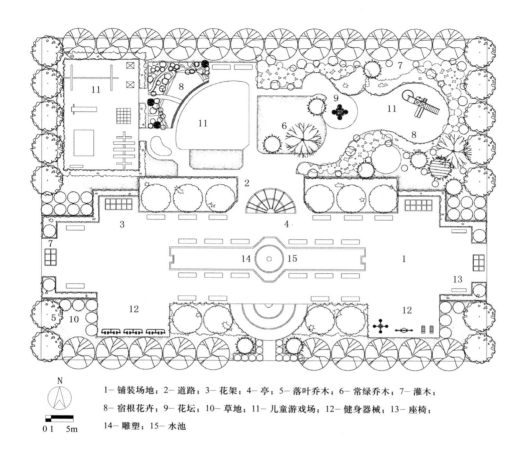

N

1- 铺装场地；2- 道路；3- 花架；4- 亭；5- 落叶乔木；6- 常绿乔木；7- 灌木；
8- 宿根花卉；9- 花坛；10- 草地；11- 儿童游戏场；12- 健身器械；13- 座椅；
14- 雕塑；15- 水池

0 1   5m

图C14　设计意向

北部以自然式布局为主，营造清幽雅致的园林意境；南部则为严整的规则式布局，营造出简洁明了、严整而虚实有序的活动空间。南北对比为游人带来感受丰富的游园体验。

- 西北部密闭的青少年乐园布置多种器具，包括攀爬架、秋千等，东北为儿童提供安全优美的游戏天堂，以组合滑梯为主，结合沙坑、草地等，游戏自由。
- 园内注重游人情感体验，通过树影、声响、叶色等传递风、月、云、日、气、四季等自然信息，以植物素材丰富而独特的性状语言塑造景观。

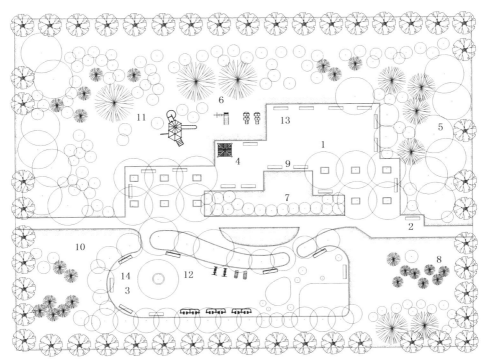

1－铺装场地；2－道路；3－水池；4－亭；5－落叶乔木；6－常绿乔木；7－灌木；
8－宿根花卉；9－花坛；10－草地；11－儿童游戏场；12－健身器械；13－座椅；14－雕塑

0 1   5m

图 C15 设计意向

公园北部为规则式布局，南部为自然式布局，南北对比形成富有戏剧性的园林效果。

- 南部弯曲的园路延长了观景流线，场地周边布置健身器械，场地内庭阴树结合圆形座椅，方便游人休息，场地边界植大乔木，围合效果度较高，防止内外的相互干扰。
- 北部组合空间有收有放，出入口分别布置树阵，形成半封闭边界，内外既联系，又分隔。
- 北部绿地中布置儿童游戏场，孩子们可以在草地中自由玩耍，安全舒适。
- 园区植物种类丰富、数量众多，花色、叶色变化多样，花型、叶状各异，营造"四时有景"的惊喜。

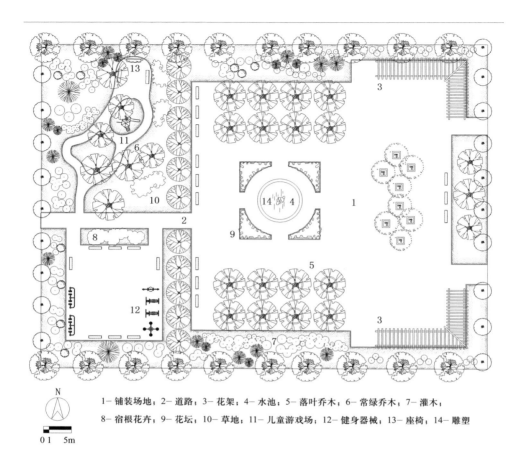

1—铺装场地；2—道路；3—花架；4—水池；5—落叶乔木；6—常绿乔木；7—灌木；

8—宿根花卉；9—花坛；10—草地；11—儿童游戏场；12—健身器械；13—座椅；14—雕塑

N

0 1   5m

图C16　设计意向

以少量的流线型路径和几何形场地并置、冲突、融合等方式突出景观特色。

- 东部场地三组树阵围合中部的水景核心，中间有花坛过渡，平面与竖向上都形成内聚于水之势，并构造了十字轴线关系，突出水景。树阵创造了林下空间，适合游人休息。

- 西南小广场周边布置健身器械，供人们活动、交流，中部场地可供小型群体活动。

- 园内蜿蜒的小道具有回环性，沿途场景如一轴画卷展开，使游人获得自由闲适的游园体验。

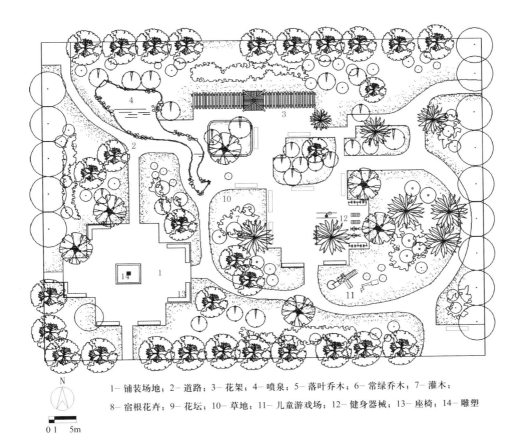

1-铺装场地；2-道路；3-花架；4-喷泉；5-落叶乔木；6-常绿乔木；7-灌木；

8-宿根花卉；9-花坛；10-草地；11-儿童游戏场；12-健身器械；13-座椅；14-雕塑

N

0 1 5m

图 C17 设计意向

公园采用几何形组合体＋自然流线路径的构图形式，表现整体设计。

- 西北角的水景，岸线曲折变化，给人方向性，有一种韵律的美感，让人体会到水断意连，藏露有致的妙趣。
- 木质廊架与亭子，回归自然，形状与规则的喷泉相呼应，丰富了竖向空间层次。
- 周围的树木围合成一个相对私密的空间，进入公园却别有洞天，廊架，水景，座椅，植物，一应俱全，清新自然。

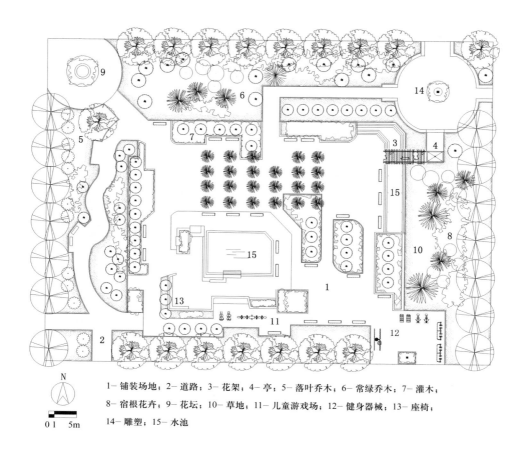

N
0 1   5m

1-铺装场地；2-道路；3-花架；4-亭；5-落叶乔木；6-常绿乔木；7-灌木；
8-宿根花卉；9-花坛；10-草地；11-儿童游戏场；12-健身器械；13-座椅；
14-雕塑；15-水池

图C18 设计意向

公园设计注重给游人景观对比与调和的视觉体验，营造精炼、简洁的现代园林空间意象。

- 长方形的中央水池配合北侧矩形树阵构成整个空间的视觉中心，水池与矩形树阵之间形成数量与体积的平衡，松散树阵的融入打破空间整齐划一的直线韵律。以矩形水池为主的视觉中心也给人以视觉上的冲击和美感，且流水声也带来无限的乐趣。
- 南北两侧入口雕塑融入植物中，草坪上散植乔灌，调和了直线造型带来的规整性，也强化了景观的多维性。张弛、平竖变化丰富了游人的游园体验。

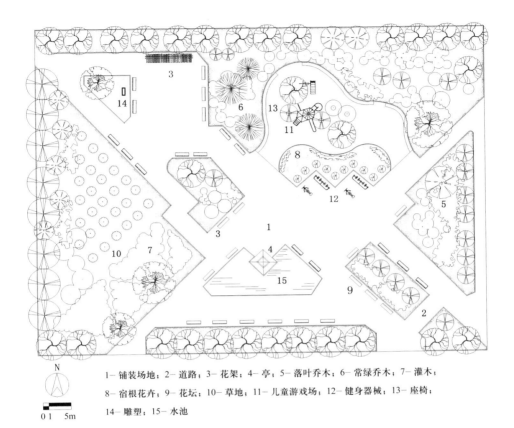

1—铺装场地；2—道路；3—花架；4—亭；5—落叶乔木；6—常绿乔木；7—灌木；
8—宿根花卉；9—花坛；10—草地；11—儿童游戏场；12—健身器械；13—座椅；
14—雕塑；15—水池

N

0 1   5m

图 C19 设计意向

空间布局形式鲜明，以斜线＋几何形组合体为主要表现形式。

- 两条对角线将将园区分为四个部分：南侧凉亭水池为园区中心景观，也是观景的最佳位置。
- 东西两侧对称的几何形绿地，构筑了两条开阔、畅通的景观绿廊，一长一短，同时既具交通功能，漫步其中，游人可以充分感受到轻松愉快、丰富情趣的散步空间。

1- 铺装场地；2- 道路；3- 花架；4- 水池；5- 落叶乔木；6- 常绿乔木；7- 灌木；
8- 宿根花卉；9- 花坛；10- 草地；11- 儿童游戏场；12- 健身器械；13- 座椅；14- 雕塑

N

0 1   5m

图 C20   设计意向

公园设计以圆形为母题，大园、小园空间主次分明，景观各异。

- 中心广场景观层次丰富，呈向心状分布的休憩座椅环绕喷泉水池，雕塑位于水池中央，四周环绕的落叶乔木增加空间的绿意。
- 另外三个小广场依次环绕，由曲径顺次连接，形成小循环，场地内布局形式统一。

结　语

　　研究从环境行为学的角度出发，调查分析了城市小公园中的游人行为与公园空间的相互关系，提出了相应的设计对策，建立和完善城市公共环境行为研究的基本框架，研究成果将有助于为人们创建接触优质的公共空间环境的良好机会，有助于提升环境价值和魅力，有助于形成特有的文化内涵和精神取向的城市风貌，有助于促进公共生活和谐和社会进步。小公园设计研究的主要结论如下。

　　（1）基于环境行为学角度研究城市小公园空间组织结构是可行的。

　　（2）设计师在空间组织中必须正视游人的主体地位，从环境行为学的角度出发，设计符合游人行为模式的公共空间，以便提高小公园的利用率。

　　（3）游人的行为模式和对公共交往的心理需求是影响空间组织的关键因素，因此，应关注各种不同类型的游人对空间环境的需求。

　　（4）到小公园来的游人常表现出的元行为中常伴随着更丰富的衍生行为，小公园设计应综合考虑这两类行为需求的可能性，以及这些可能性对小公园空间环境产生的可能影响。

　　（5）空间组织应该积极引导元行为及其衍生行为，因地制宜地创建友好型的公共空间，促进积极健康的公共生活行为，并使公共空间充满活力又秩序井然，努力提升公共空间环境对人的行为的积极影响力。

　　（6）小公园空间组织研究中的人本理念应与时俱进，动态发展，不断完善。

　　（7）小公园环境是游人享用的公园内的物质条件和精神因素的综合体，是可以直接、间接影响游人活动和发展的各种因素的总和。

　　（8）小公园环境应更注重微环境、小气候环境的塑造。人们日常健康的户外生活追求安全、整洁、舒适、亲切、优美的自然环境，这种环境会给人带来愉悦，有助于身心健康发展。

　　（9）小公园空间组织中，在复合空间中较好的空间划分能使活动相互干扰降到最低，处理好各类过渡空间非常重要，空间划分合理是环境设计的基础。

　　（10）细节决定品质，构成小公园的设施和硬质材料短期内性能较稳定，植物的生长和季相变化可预期，但游人的行为活动变化多样。设计一定要考虑合理选材，以人为本，从而提升绿地的亲和力，营造一个宜人的、充满情趣和活力的城市绿色空间，从而使小公园达到最佳的综合效益。

　　（11）在中国城市进入"存量发展时代"的今天，城市小公园散落于城市各个角落，对提升城市整体环境质量举足轻重，最接地气，因此，针对城市小公园设计的研究非常必要细节决定品质，小公园的设计也是这样。

参考文献

[1] Proshansky-H.M.（1990）-The Pursuit Of Understanding:An Intellectual History[A]. In I.Altman & K.Christensen（Eds.）-Environment And Behavior Studie:Emergence Of Lntellecteal Traditions[M]. New York:Plenum.

[2] 潘可礼 . 社会空间论 [M]. 北京 : 中央编译出版社 , 2013.

[3] Soja, Edward W.Thirdspace: Journeys to Angeles and Other Real-and Imagined Place[M]. Oxford（UK）, Cambridge, Mass: Blackwell Publishers, 1996.

[4] 谢彦君 , 陈才 , 谢中田 . 旅游学概论 [M] . 大连 : 东北财经大学出版社 , 1999.

[5] 陈红霞 . 群体情境中的情绪放大效应 [J]. 宁波大学 , 2014（04）.

[6] 朱宏家 . 重庆动步公园使用行为与空间环境的关系研究 , 2014（75-76）

[7] 徐磊青 , 刘宁 , 孙澄宇 . 广场尺度与社会品质——广场的面积、高宽比、视角与停留活动关系的虚拟研究 [J]. 建筑学报 . 2013（S1）.

[8] MARTENS M J M. Noise abatement in plant monocultures and plant communites[J]. plied Acoustics, 1981, 14:167-189.

[9] KRAGH J. Road traffic noise attenuation by belts of trees[J]. J. Sound Vibration, 1981, 74（2）: 235-241.

[10] 沈玉麟 . 外国城市建设史 [M]. 北京 : 中国建筑工业出版社 , 2006.

[11] 许浩 . 国外城市绿地系统规划 [M]. 北京 : 中国建筑工业出版社 , 2003.

[12] 李洋 . 平灾结合的城市公园防灾化改造设计 [D]. 河北农业大学 : 2013（18）.

[13] 胡潇 . 空间的社会逻辑——关于马克思恩格斯空间理论的思考 [J]. 中国社会科学 . 2013（01）.

[14] 方晓风 . 城市空间边界设计的伦理思考 [J]. 装饰 . 2011（07）.

[15] 刘先觉 . 现代建筑理论（第二版）[M]. 北京 : 中国建筑工业出版社 , 2008.

[16] 谭笑 , 高祥斌 . 中国园林植物养生保健功能研究进展 [J]. 中国城市林业 . 2017（01）.

[17] 谭广文 , 等 . 3 种小跌水景观空气负离子浓度分布特征 [J]. 广东园林 . 2014（03）, 42-45.

[18] 姜汉侨 , 段昌群 , 杨树华 , 等 . 植物生态学 [M]. 北京 : 高等教育出版社 , 2004.

[19] Fletcher T, Zinger Y, Deletic A, et al.Treatment results of alarge-scale column study [A]. Rainwater Urban Design Confer-ence, Sydney [C]. Australia, 2007.

[20] Lewis J F, Hatt B E, Deletic A, et al. The impact of vegetation on the hydraulic conductivity of stormwater biofiltration systems [A]. 11th International Conference on Urban Drainage [C]. Edinburgh, Scotland, UK, 2008.